Les aventures de Cosmet explicades per ell mateix

Volum 1

Eduard Alabern Valentí

Les aventures de Cosmet explicades per ell mateix
Volum 1
Eduard Alabern Valentí

Disseny de la coberta: Equip de disseny de Universo de Letras
Imatge de coberta: ©Shutterstock.com

Obra publicada por el sello Universo de Letras
www.universodeletras.com

Primera edició: 2024

ISBN: 9788410265455
ISBN eBook: 9788410277168

‹‹ Sello de Maestría ›› atorgat per

en base a l'informe de lectura realitzat a 18 – 08 – 2023

‹‹ Nos encontramos ante una luminosa obra de divulgación científica que nos cuenta, de manera amena y muy comprensible, cómo se ha venido configurando el universo que conocemos y cuáles son las leyes que lo rigen. Como hilo conductor, el autor tiene el tino de crear un personaje que vehicule toda la obra a través de sus «cuentos cosmológicos».

‹‹ Interpretamos que la principal propuesta es condensar todo el conocimiento relacionado con lo que se sabe del universo. El argumento, el sentido de la obra, es pensar con mirada larga todo lo relacionado con el origen y evolución de la vida, además de las constantes y leyes que determinan que el universo se comporte de la manera que lo hace. La constante presencia de ilustraciones y fotos de los personajes o momentos históricos a los que se hace mención funcionan muy bien para reforzar toda la divulgación que se lleva a cabo.

‹‹ La capacidad del autor para convertir conceptos muy complejos en comprensibles es probablemente la mayor cualidad que hay que poner en valor en esta obra, que iría muy bien como refuerzo a todos los elementos de una familia que se encuentren en edad de formación. Y también a los que se sientan con ganas de aprender siempre ››.

‹‹ Otra cualidad de la obra es la exposición didáctica que fluye realmente bien, desde lo sencillo a lo más complicado, es que atesora la capacidad de realizar una cierta prognosis y marcar el camino hacia dónde se mueven las inagotables ansias de conocimiento propias del ser humano pensante. Narración sin zonas de valle, original y entretenida. Muy inspiradora. Se nos habla de la mayor localización posible: el propio universo››

‹‹ La época en la que podemos enmarcar el ensayo es plenamente actual. Es el deseo del autor: que las enseñanzas que aquí se vierten tengan vigencia contemporánea y se mantengan con vistas al futuro. No estamos ante una obra que busque recrearse literariamente en la realización de descripciones prolijas, sino que su misión es la de divulgar conocimiento científico de una manera amena. Cosmet es un ente que ha acompañado en su discurrir a los mejores pensadores de la historia y, en ese sentido, se nos convierte en un elemento muy visible. El lector siente la emoción de acompañarlo en su aventura de conocimiento ››.

Eduard Alabern Valentí és l'amic enginyer de Cosmet. És enginyer de camins, canals i ports des del 1974 i ha exercit aquesta professió durant més de quaranta anys a grans empreses constructores i també a la Generalitat de Catalunya; deu anys com a director del Servei Tècnic de l'Institut Català del Sòl i quatre com a director general de carreteres. Durant aquests anys ha editat diversos llibres tècnics.

Tot i això, a banda d'aquesta trajectòria professional, ha estat sempre interessat en el coneixement de l'univers, tema al qual, encara que no professionalment, s'ha dedicat intensament tota la seva vida.

Des de fa uns anys, ha escrit sobre tot això, i d'aquí n'han sortit els quaranta-sis contes cosmològics que explica Cosmet.

Aquest mateix any i amb motiu de la plaga del coronavirus, he estat reclòs juntament amb uns centenars de persones més durant dues setmanes, en un lloc solitari envoltat de muntanyes.

Per entretenir-nos, Cosmet ha tingut la gentilesa d'explicar-nos les seves aventures i tot el que ha pogut veure durant la seva molt llarga vida. Una cosa semblant al que va fer un senyor anomenat Boccaccio ja fa molts anys, quan Europa es va veure assotada per la pesta negra. Va llegir els seus companys, també reclosos, els contes del Decameró. Ara el que us explica Cosmet són el que jo he anomenat contes cosmològics.

Jo només soc l'amic enginyer de Cosmet i m'he limitat simplement a transcriure'ls.

Cosmet, que és molt gran, ja que ha complert els 13.700 milions d'anys, ha viatjat per tot l'univers i ens conta totes les coses que han anat passant durant la seva llarga vida. Mai va aconseguir entendre per què succeïen, fins que en els darrers 2.500 anys, ha anat coneixent els humans més savis que li han anat explicant.

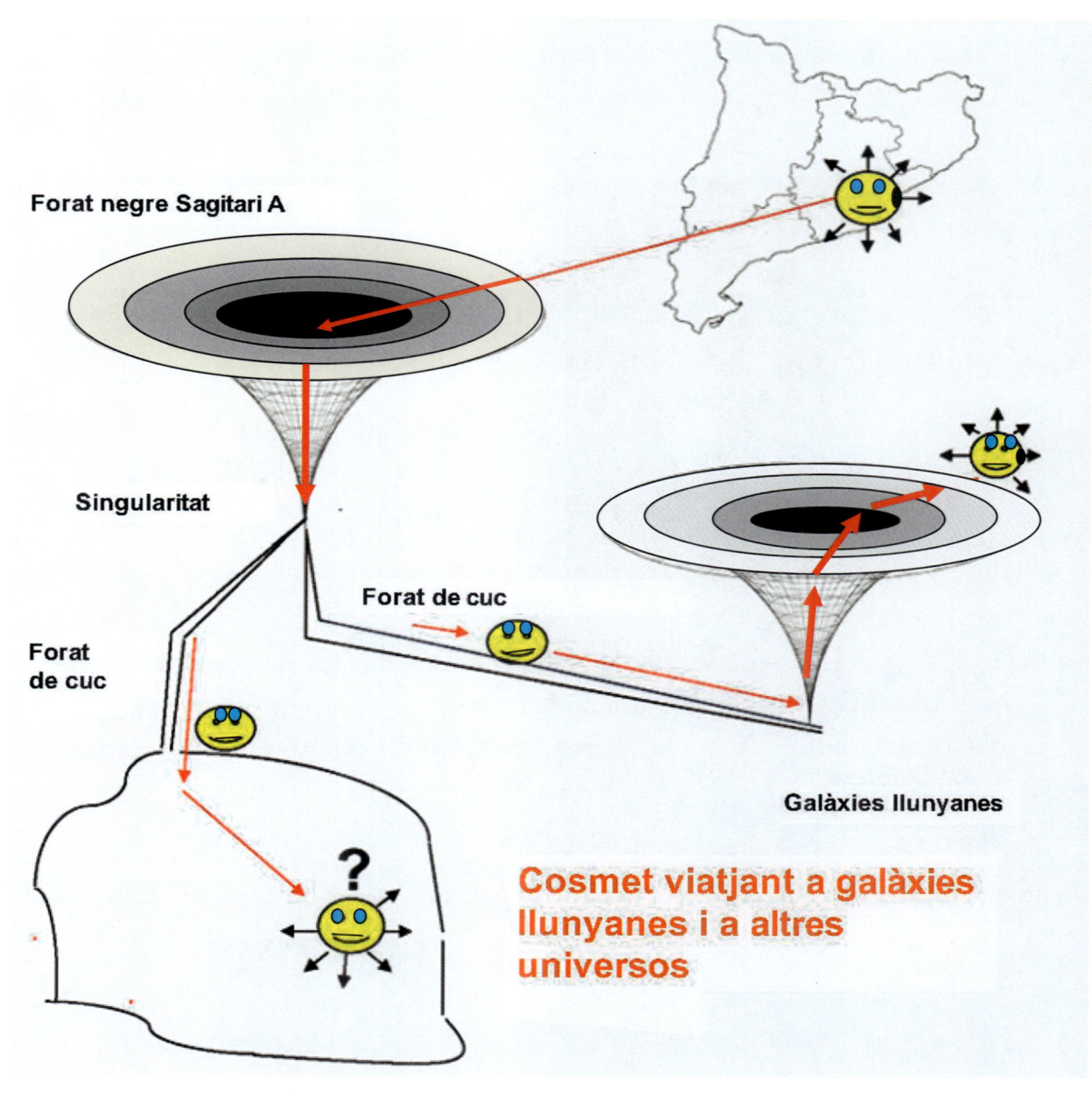

Forat negre Sagitari A

Singularitat

Forat
de cuc

Forat de cuc

Galàxies llunyanes

Cosmet viatjant a galàxies llunyanes i a altres universos

Multivers

Agraïments

En primer lloc, al meu amic Cosmet per haver-nos amenitzat els nostres dies de confinament. També a la meva estimada esposa Imma Junyent que, per cert, s'ha fet també molt amiga de Cosmet. En diverses ocasions aquest ha emprès viatges a través del temps per anar a veure-la directament quan de jove, sent ballarina solista del Gran Teatre del Liceu de Barcelona, executava les seves « fouettés ».

A les meves filles, al meu bon amic Carles Diaz, arquitecte amb un sentit crític excepcional, i als altres amics que, després de llegir els contes de Cosmet, amb les seves observacions molt encertades, han permès millorar l'exposició.

El meu agraïment a tots ells.

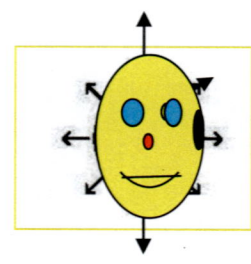 

Fotografia feta pel meu bon amic i company Ramon Juanola. Cosmet explicant les seves aventures.

Cosmet explicant la seva vida als seus companys de confinament. Us avanço una relació dels contes que ens va anar narrant dia a dia.

LES AVENTURES DE COSMET EXPLICADES PER ELL MATEIX. CONTES COSMOLÒGICS DIA A DIA DURANT ELS CATORZE DIES DE CONFINAMENT

COL.LECCIONABLE EN SET VOLUMS

I. JO SOC COSMET.   Primer i segon dia de confinament

II. TOT EL QUE VAIG ANAR VEIENT I LES MEVES GRANS SORPRESES.   Tercer i quart dia de confinament

III. TOT ÉS ENERGIA. Cinquè dia de confinament

IV. ELS MEUS VIATGES PER L'UNIVERS. VIATJANT PER L'UNIVERS MÉS PROPER.   Dies sis i set de confinament

V. COSMET VIATJANT PELS FORATS DE CUC

COSMET JA VIU A LA TERRA I VISITA ALS SAVIS.   Dies vuit, nou i deu de confinament

VI. LES MEVES VISITES ALS SAVIS DURANT ELS DARRERS CENT CINQUANTA ANYS. Les meves visites als savis de la física quàntica. M'expliquen les teories de camps quàntics.   Dies onze, dotze i tretze de confinament

VII. LES MEVES DARRERES VISITES A ASTRÒNOMS I SAVIS DE LA COSMOLOGIA

Final del confinament. El nostre amic us lliura una còpia de les notes que jo vaig anar prenent i de l'atles dels meus viatges, amb els seus comentaris.

Dia catorze de confinament

I

I. Jo soc Cosmet. Primer dia de confinament.

1. Jo soc Cosmet

2. Com jo veig ara el cosmos i l'univers en què vivim

3. Com vaig descobrir els forats negres i a través d'ells vaig conèixer l'existència d'altres universos

Els meus primers tres minuts de vida. Poc més tard vaig començar a veure estrelles

II. Segon dia de confinament

4. El moment en què vaig néixer com a partícula quàntica i com gairebé al mateix instant vaig veure que anaven naixent les partícules elementals

5. Els meus primers tres minuts de vida i com vaig veure que es formaven els protons, els neutrons i els nuclis atòmics

LES AVENTURES DE COSMET EXPLICADES PER ELL MATEIX

Primer dia de confinament

JO SOC COSMET

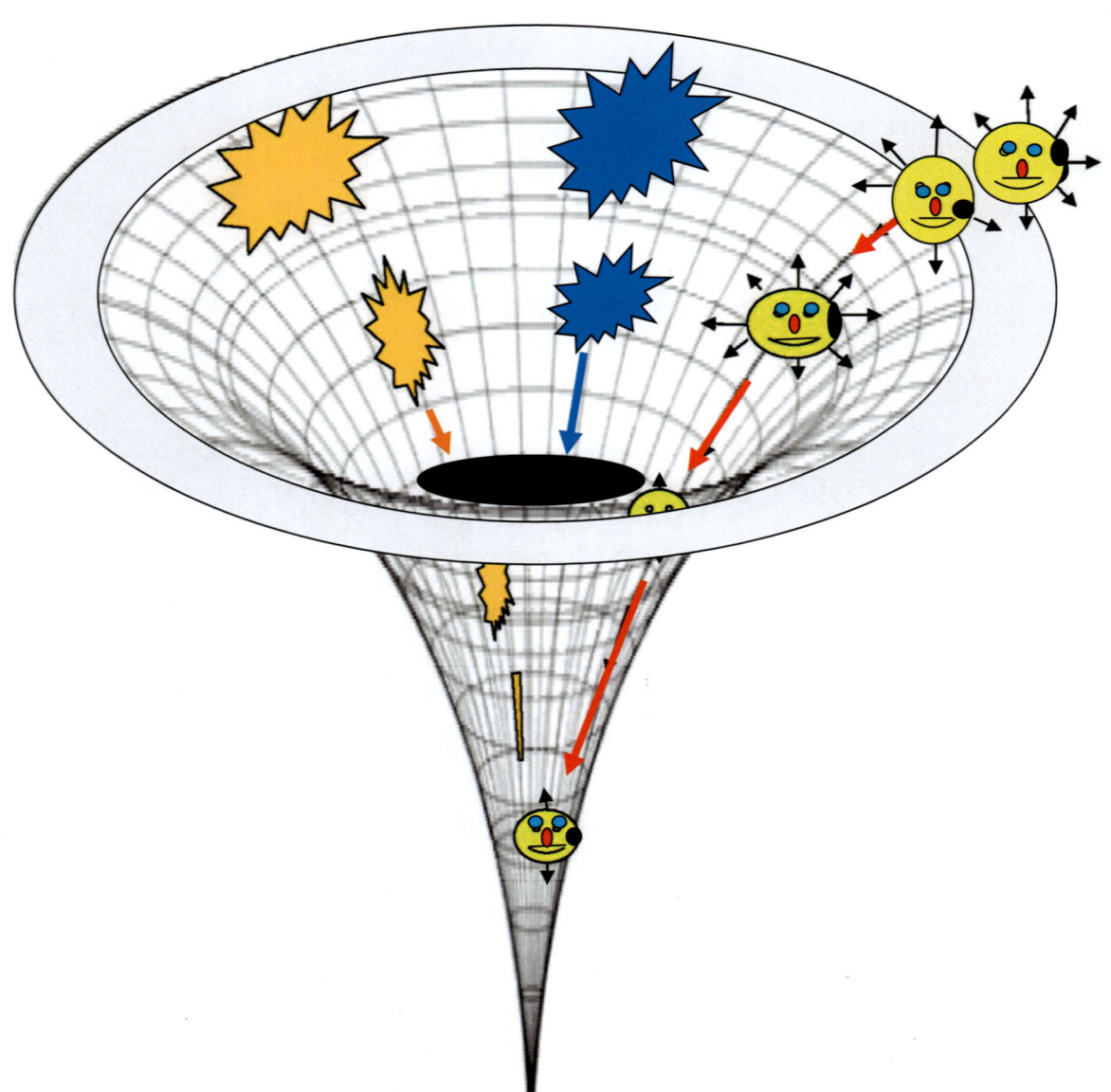

1. Cosmet caient per un forat negre

LES AVENTURES DE COSMET EXPLICADES PER ELL MATEIX

Primer dia de confinament

1. Jo soc Cosmet

Em dic Cosmet i soc molt vell, ja que vaig néixer ara ja fa 13.700 milions d'anys

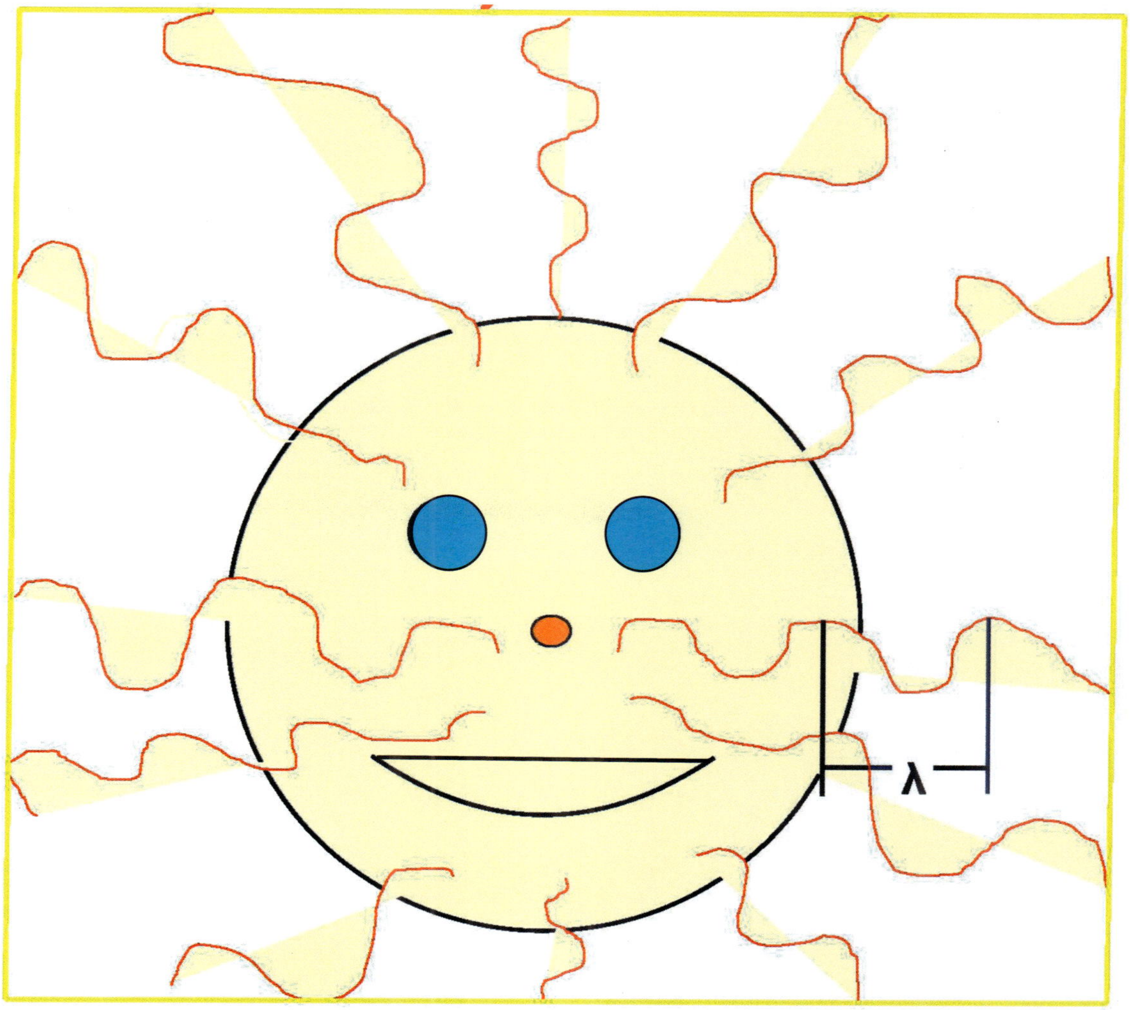

En aquell moment els meus pares encara no existien de manera real com a tals.

Existien únicament totes les partícules elementals que, molts anys més tard, molt després de formar-se la Terra, es van unir entre elles adoptant l'aspecte dels éssers humans que ara coneixem. Ja des del primer instant, entre les seves partícules elementals, s'apreciaven les de tipus immaterial que sempre han constituït tant els seus pensaments com els seus sentiments.

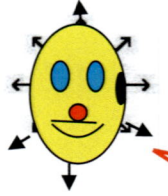

En el mateix moment que vaig néixer, els meus pares van veure de seguida que jo tenia uns poders extraordinaris.

El primer que els va sorprendre va ser que jo no tenia massa ni pes, i que podia viatjar molt ràpidament; tant com em semblés.

Van pensar que era com els fotons, que són les partícules sense massa que s'estan movent sempre a la velocitat de la llum, que avui dia se sap que és de 300.000 quilòmetres per segon. Però allò meu era molt més, ja que jo podia viatjar molt més ràpid i a qualsevol velocitat.

D'altra banda, de seguida van veure que jo era com una partícula elemental de les que ara s'anomenen partícules quàntiques, amb tots els seus atributs.

Com a tal, jo tenia una doble naturalesa. Alhora, jo era com una partícula que està localitzada en un lloc determinat i també com una ona que ocupava la totalitat de l'espai. Quan no em miraven, em trobava simultàniament a tot arreu.

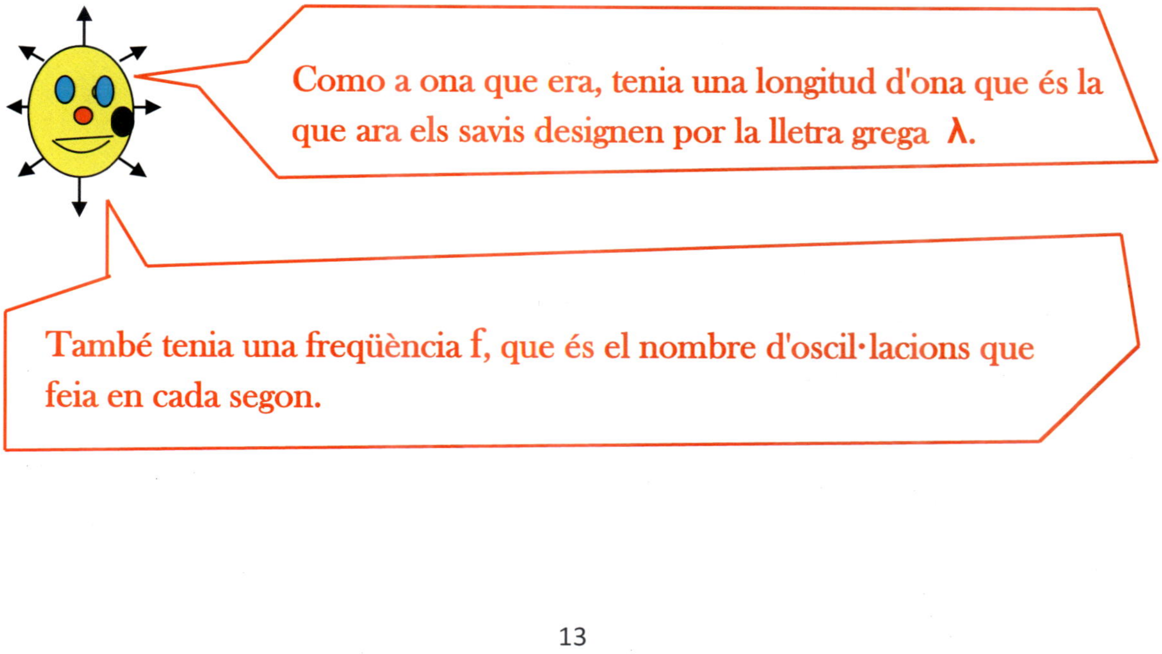

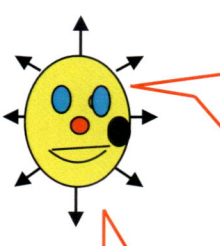

Como a ona que era, tenia una longitud d'ona que és la que ara els savis designen por la lletra grega λ.

També tenia una freqüència f, que és el nombre d'oscil·lacions que feia en cada segon.

Aquest fill que hem tingut no sembla gens normal

És que jo tenia també poders de molts altres tipus, com ara la capacitat de transformar-me en qualsevol cosa, per gran que aquesta fos. Molts anys més tard, això m'ha permès adoptar aspectes molt diversos i fins i tot, ja de molt gran, la forma dels éssers humans que ara coneixem, i poder actuar com ells.

Potser va ser pensant en tots aquests poders excepcionals de tipus còsmic que jo tenia, que els meus pares em van posar de nom Cosmet.

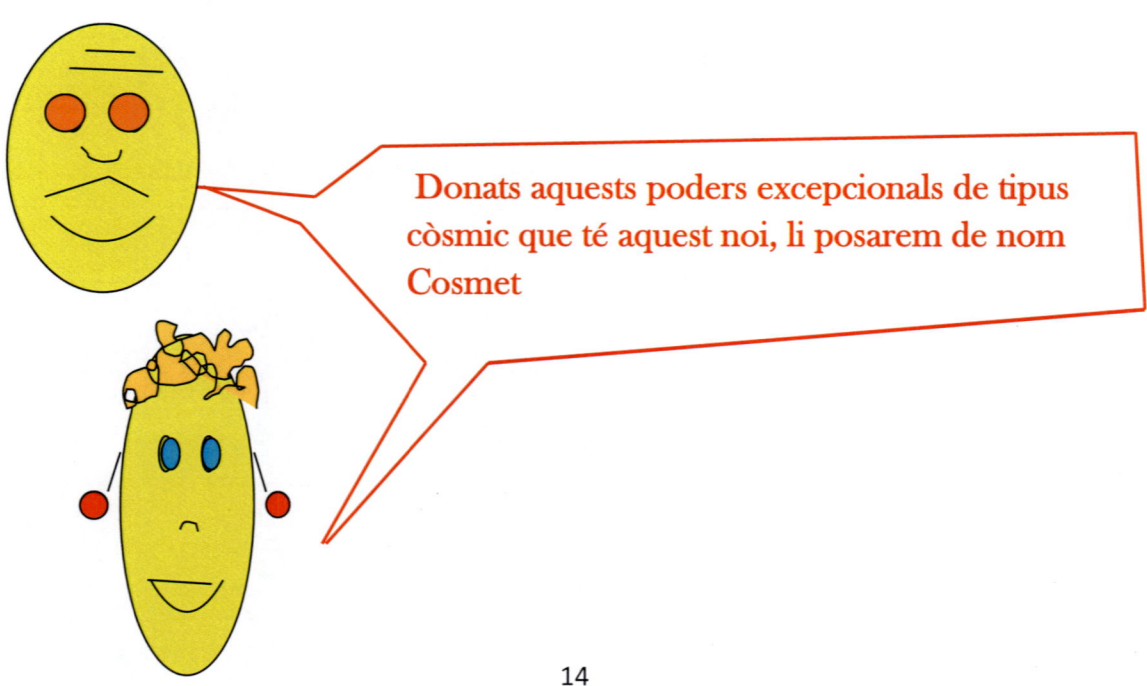

Donats aquests poders excepcionals de tipus còsmic que té aquest noi, li posarem de nom Cosmet

Efectivament, els meus poders eren i encara són excepcionals, però d'això no me'n vaig adonar fins no fa gaire temps. Va ser fa poc més d'un milió d'anys, quan al planeta Terra van començar a formar-se éssers humans per simple agrupament de les seves partícules materials i immaterials, les quals ja existien des de sempre. Per comparació amb tots ells, vaig veure que sempre havia estat i que era encara un homenet excepcional, amb qualitats i capacitats per fer tota mena de coses molt superiors a les de la resta dels homes i dones que han existit des que fa aproximadament un milió d'anys van començar a formar-se. **Per aquest motiu, en tots els contes que ara us explicaré, jo seré sempre el Cosmet, i tota la resta els «éssers normals», tant si es tracta de persones, de coses, o simplement de partícules.**

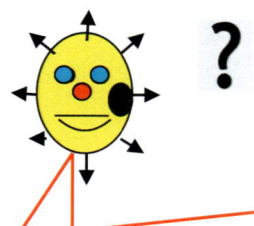

Tot i el que us he dit, també vull que sapigueu que la meva intel·ligència no era ni mai ha estat superior a la mitjana dels homes i dones normals d'avui dia. Per aquest motiu, durant la meva molt llarga vida, he tingut ocasió de veure tot el que anava passant. Tanmateix, mai no vaig poder entendre res de per què passava.

Això només ho he pogut anar comprenent al llarg dels darrers dos mil cinc-cents anys de la meva vida, quan he contactat amb homes i dones dels normals amb una intel·ligència molt superior a la meva, que s'havien dedicat a estudiar i investigar moltes d'aquestes coses.

També vaig observar que, per poder seguir els seus raonaments, necessitava conèixer la física i les matemàtiques, per la qual cosa em vaig posar a estudiar-les de valent.

D'altra banda, us puc dir que he gaudit d'un gran avantatge, ja que en els últims temps de la meva llarga vida he tingut oportunitat de parlar sempre que he volgut amb tots els grans savis.

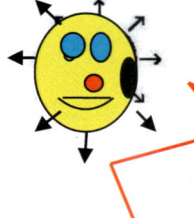

És que jo, a banda de poder viatjar a velocitats molt superiors a la de la llum, també tinc les capacitats de poder viatjar en el temps, de traslladar-me gairebé instantàniament a qualsevol temps passat i de contactar amb qualsevol dels humans en vida en aquella època.

D'aquesta manera, he conversat amb les persones que han tingut més coneixement de cada tema relacionat amb les coses que durant la meva llarga vida havia vist, però no havia entès. Amb alguns vaig arribar fins i tot a entaular una bona amistat. Aquest és el cas, per exemple, d'**Albert Einstein** i de **Max Planck**, que, entre molts d'altres, són dels que he après més. Per si algun de vosaltres no n'heu sentit a parlar, cosa que dubto, els demano que es presentin:

Em dic Albert Einstein i em coneixen per la meva Teoria de la Relativitat. No m'imaginava que canviaria el paradigma de la física de l'univers.

Jo em dic Max Planck i li recordo a l'amic Albert, que les meves teories quàntiques també l'han canviat.

2. Einstein. Imatge de Pixabay / Àlbum. Max Planck. Viquipèdia D.P. https://library.si.edu/image-gallery/73553. Autor desconegut. 1930.

Però, lògicament, els meus contactes amb els més savis s'han reduït únicament als realitzats de molt vell; en concret, en els darrers 2.500 anys de la meva vida. Abans d'això i, per tant, durant gairebé tota la meva llarga vida, m'he trobat pràcticament molt sol i, per entretenir-me, m'he dedicat a observar tot el que ha anat existint a l'univers i com aquest s'ha anat comportant.

Sempre m'ha agradat conèixer tot el que passa. **He contemplat amb atenció moltes coses i de maneres molt diferents, perquè la meva vista és també molt superior a la de qualsevol humà normal com vosaltres. A més, tinc una altra facultat excepcional. Instantàniament, puc graduar automàticament la meva vista i mirar les coses a l'escala que jo vull.**

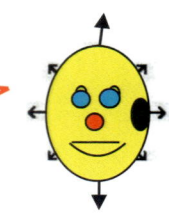

> **Acoblant la meva vista a les escales més petites, puc contemplar fins i tot els àtoms i les partícules més diminutes que existeixen.**

Fins i tot veig petits objectes de fins a una dimensió de només 10^{-35} metres, que és el que aproximadament mesurava el radi de l'univers quan vaig néixer. És el que resulta de dividir el número u entre el que també resulta de multiplicar **35** vegades per si mateix el número deu; **0,00000......0000001 metres (amb 35 zeros).**

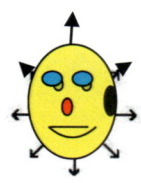

> **Aquesta és segurament la longitud més petita que existeix, la qual el senyor Max Planck i ara alguns altres savis han pres com a unitat de mesura i és el que anomenen un quant d'espai.**

Penso que tenen raó, doncs, jo mai no he pogut veure res més petit. Com a màxim i atès que la meva capacitat d'imaginació és també excepcional, només he albirat ombres molt difuminades de coses no existents de forma real. Això m'ha permès veure l'univers a escala de poder observar les partícules elementals, tant les que es troben aïllades com les que constitueixen tots els objectes còsmics.

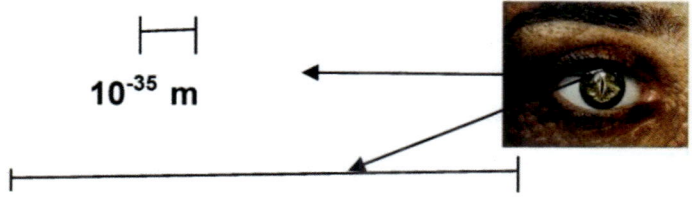

10^{-35} m

10.000 milions d'anys llum

Per contra, si graduo la meva vista a les escales grans, veig l'univers dividit en grans regions còsmiques, però no puc veure les coses més petites.

També m'ha interessat molt el que he contemplat a l'escala que actualment els humans normals experts en cosmologia anomenen la **gran escala.** És ni més ni menys que la que correspon a més de **1.000 milions d'anys llum,** essent un **any llum** la distància que aquesta recorre durant un any.

Quan veig l'univers a aquesta escala, el distingeixo gairebé totalment homogeni. Tot ho veig igual en qualsevol direcció on miro. D'això en diuen ara **isotropia.** Es tracta del **principi cosmològic,** que no és res més que el fet que, **a gran escala, l'univers sigui homogeni i isòtrop.** Així és; quan observo l'univers a escales normals com feu tots vosaltres, tot el que veig és molt diferent i els valors que prenen propietats com la temperatura, la densitat i moltes altres, són molt variables. En canvi, **a gran escala, totes les porcions d'univers que puc percebre tenen els mateixos valors en totes les seves propietats i característiques.**

Durant tota la meva extensa vida sempre m'ha agradat viatjar. Si volgués explicar-vos tot el que he vist i tots els llocs on he anat, no acabaria mai. Per tant, em limitaré a explicar-vos les coses que més m'han impressionat i les converses més interessants que, ja de molt gran, he mantingut amb els normals més savis. La veritat és que durant tota la meva vida he estat viatjant per tot l'univers on vivim. He arribat, fins i tot, a les galàxies més llunyanes veient estrelles de diferents colors.

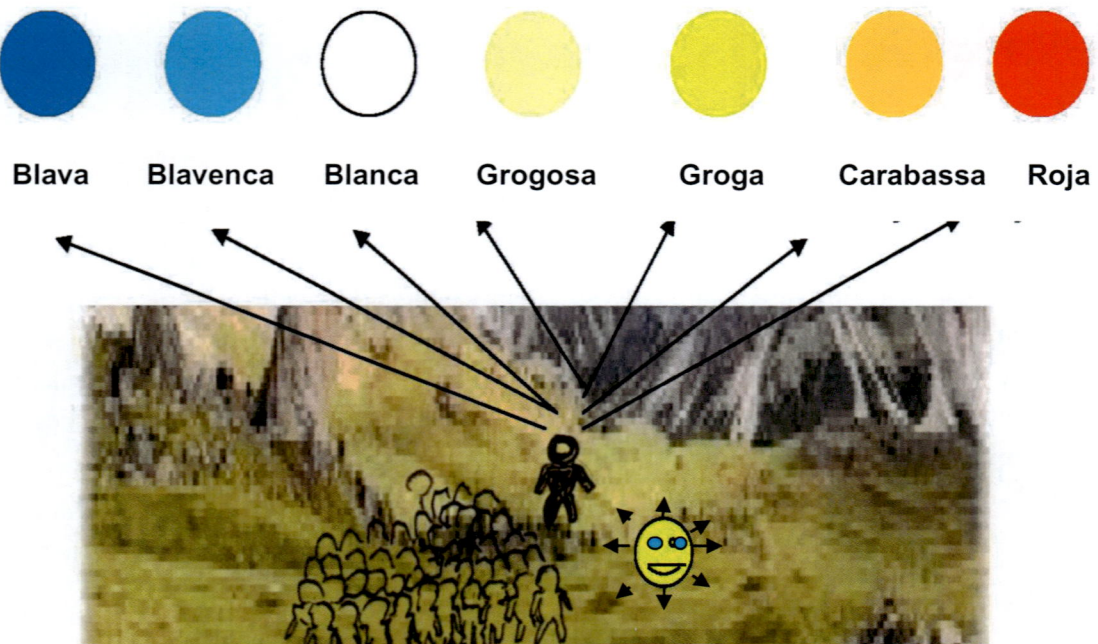

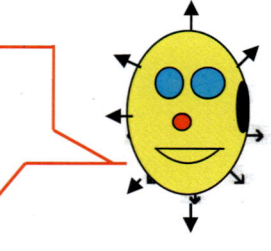

Durant tota la meva llarga vida, m'he dedicat a fer el que més m'agrada; observar i viatjar.

Fins que no vaig tenir uns **9.000 milions d'anys**, vaig limitar-me a ser una partícula immersa a l'univers, trobant-me molt sol durant tot aquest temps. En els meus múltiples viatges, em vaig dedicar bàsicament a conèixer tots els objectes còsmics que es van anar formant, i com van anar evolucionant, a mesura que anava transcorrent el temps còsmic.

Mentre no viatjo, ja fa molt de temps que visc aquí al planeta Terra i concretament a Barcelona perquè és la ciutat que més m'agrada. A més, gairebé sempre adopto la forma dels humans normals i faig la mateixa vida que ells.

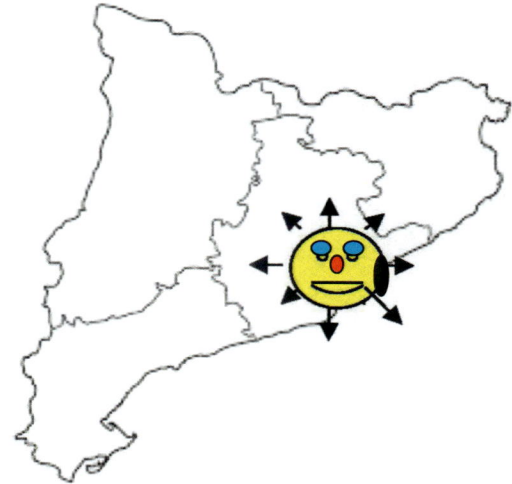

Soc molt reservat i no m'ha agradat mai cridar l'atenció, ja que si, en els meus viatges al passat, hagués parlat de totes les coses que jo sé, penso que m'haurien pres per boig i, fins i tot, els més fanàtics, que sempre n'hi ha hagut molts i de molt diferents tipus, segur que s'haurien enfadat molt amb mi. Considero que molts haurien volgut empresonar-me o fins i tot alguns matar-me. Això no em fa gens de por perquè soc indestructible, però sempre he pensat que no és bo fer-se enemics.

D'altra banda, **en els contactes que he tingut, he escoltat molt i he parlat molt poc, ja que, no m'agrada influir en res ni en ningú. En conseqüència, intento no dir absolutament res que pogués canviar el curs de la història.**

Quan vaig néixer l'univers era molt petit. Era com un diminut espai esfèric del qual jo, amb la meva vista excepcional, vaig poder observar que mesurava només 10^{-35} metres. És el que ara anomenen « **longitud de Planck** » que, tal com ja us he comentat, és la menor longitud que molt probablement existeix físicament. Són **0,00000 .... 01 metres** (amb 35 zeros).

On jo em trobava i en qualsevol lloc on em desplacés, en aquell primer moment només hi havia moltes partícules immaterials, però no com jo mateix, sinó que eren de les normals; d'aquelles que ara anomenem **fotons**, que no són res més que uns petits granets del que en diem **energia**. Els savis els anomenen també **quants**.

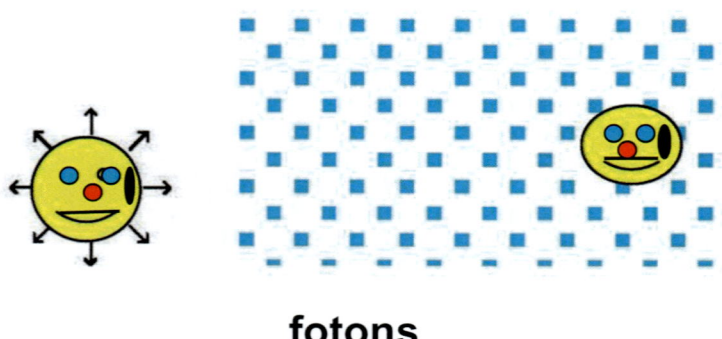

fotons

No eren tots iguals, sinó que segons la **freqüència f** a què vibraven, n'hi havia de més i de menys energia, però sempre en quantitats proporcionals a un nombre que ara anomenen **constant de Planck h**, de la qual us en parlaré més endavant. El que sí que vaig veure de seguida és que no podien estar quiets i que es movien constantment a la velocitat de la llum. Jo, en canvi, podia anar a cada moment a la velocitat que desitgés. Aleshores no vaig entendre res de tot això, però no fa gaire temps m'ho va explicar el mateix senyor **Max Planck** a la primera visita que li vaig fer.

Jo era com una d'aquestes partícules, però amb una energia immensa i, a més, amb la facultat de poder trossejar-la tant com em semblés. Això és precisament el que sempre m'ha permès transformar-me en qualsevol cosa. Ho he estat fent durant tota la meva vida, però mai vaig saber com, fins que fa uns quants anys m'ho va clarificar el senyor **Albert Einstein**.

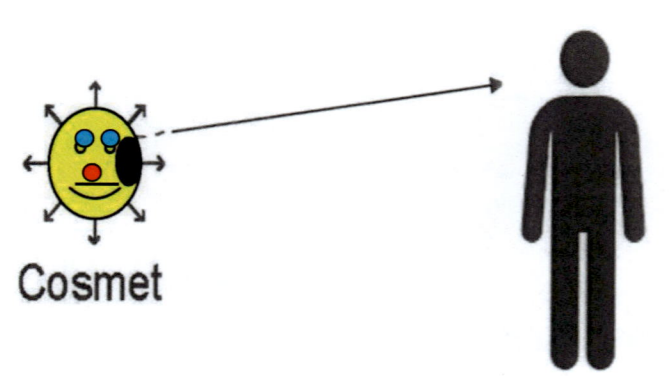

3. Einstein. Imatge de Pixabay / Àlbum

Em va dir que tot el que existeix, en el fons, no és altra cosa que allò que s'anomena **energia** i que aquesta adopta moltes formes, fins i tot la de qualsevol cosa que tingui **massa.**

Tot el que existeix no és més que energia

Quan vull transformar-me en qualsevol cosa, el que faig realment és que a una determinada quantitat de la immensa energia que jo tinc, la transformo en partícules elementals amb massa i, atès que tinc a més la capacitat de disposar-les i organitzar-les tal com em sembla, puc aparèixer immediatament com qualsevol objecte o, fins i tot, com qualsevol ésser viu, des d'un animal petitíssim a tots els més grans.

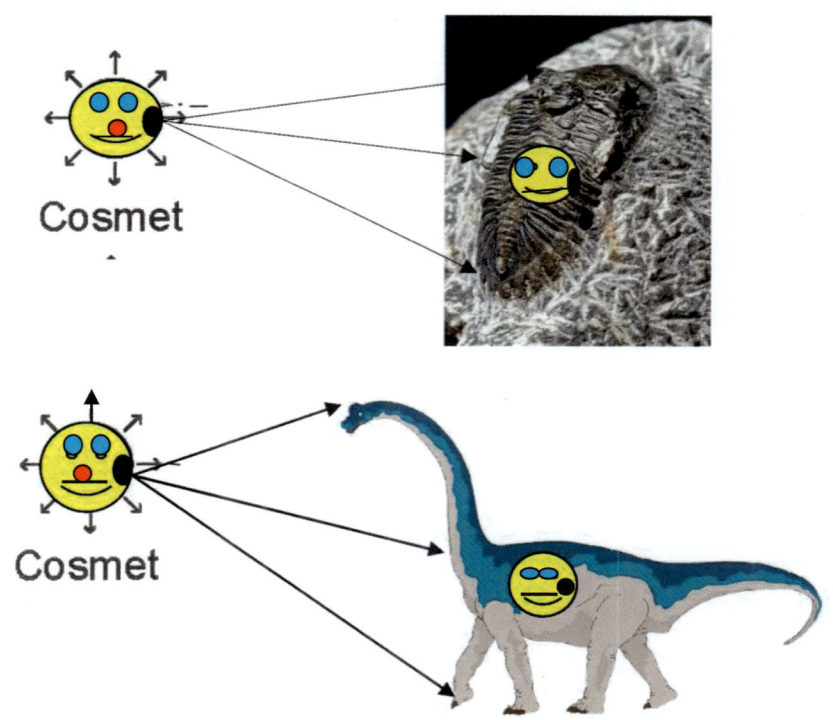

4. Imatges de Pixabay / Àlbum. Trilobits i rèptils prehistòrics

Així mateix, des que van començar a aparèixer éssers vius dels tipus més diversos, sovint conservant la meva personalitat essencial de partícula, he adoptat simultàniament el seu aspecte per poder viure entre ells i així conèixer-los millor. La realitat és que, quan faig això, la meva personalitat es desdobla sense perdre la meva essència pròpia de partícula quàntica. Una part de la meva immensa energia passa a ser qualsevol cosa de les que existeixen o han existit, sigui un objecte inanimat o un ésser amb vida.

Quan vaig néixer, l'univers acabava de formar-se dins del que ara es diu el **cosmos**. En tot moment, he pogut veure l'univers com un espai esfèric, al principi molt petit i després molt més gran, on jo em trobo sempre al seu centre. Els humans normals que es dediquen a estudiar aquestes coses, per mesurar-ho, utilitzen un **any llum** que, tal com us he dit, és la **distància que recorre la llum en un any.**

Doncs bé, jo veig ara l'univers des de casa meva de Barcelona, com una esfera d'uns **46.000 milions d'anys llum de radi**, en què només observo matèria fins a una distància màxima de **33.000**, estant la resta ocupada per partícules immaterials com jo mateix, però de les normals.

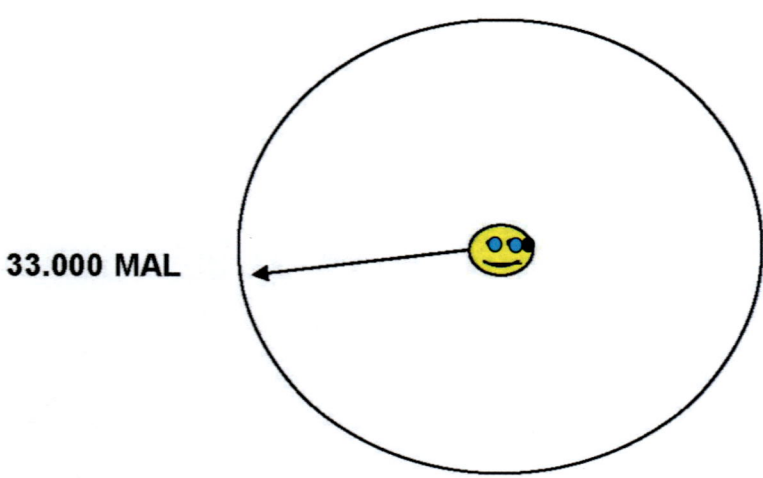

33.000 MAL

Ja us he dit que vaig néixer ara fa **13.700 milions d'anys**. Ho sé perquè els he pogut anar contant. Per tant, els anys que té l'univers són aproximadament els meus, i a aquestes edats que jo mateix i l'univers hem anat tenint a cada moment, en diuen ara el **temps cosmològic,** que designen com a t_c. Al moment en què tant l'univers com jo mateix vam néixer, el senyor Max Planck i altres savis li han assignat un valor $t_c = 10^{-44}$ **segons**, que són,

0, 00000 .... 00001 segons   (44 zeros)

Aquest és segurament l'interval de temps més petit que existeix, el qual el senyor Max Planck i ara alguns savis han pres com a unitat de mesura i és el que anomenen un **quant de temps.**

Us reitero que quan vaig néixer, l'univers era com un diminut espai esfèric que feia només 10^{-35} metres, que és la menor longitud que molt probablement existeix físicament. **Són 0,00000 .... 01 metres (amb 35 zeros).**

Just en aquell instant en què acabava de néixer, em vaig trobar immers dins del que em va semblar d'entrada una gran explosió, el ***Big Bang***. Als primers instants de la meva vida, en un ínfim lapse de temps que, gràcies a les meves facultats, vaig poder mesurar en uns 0,00001 segons, vaig veure que, de manera per a mi totalment incomprensible, l'univers creixia sobtadament d'una manera exorbitant fins a convertir-se en una esfera de radi igual a aproximadament 10.000 milions de quilòmetres. **Va passar el que ara anomenen la gran inflació.**

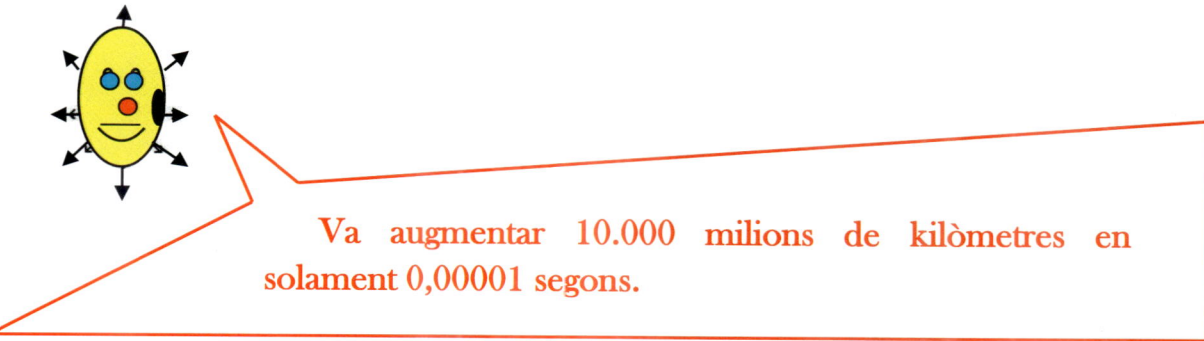

Va augmentar 10.000 milions de kilòmetres en solament 0,00001 segons.

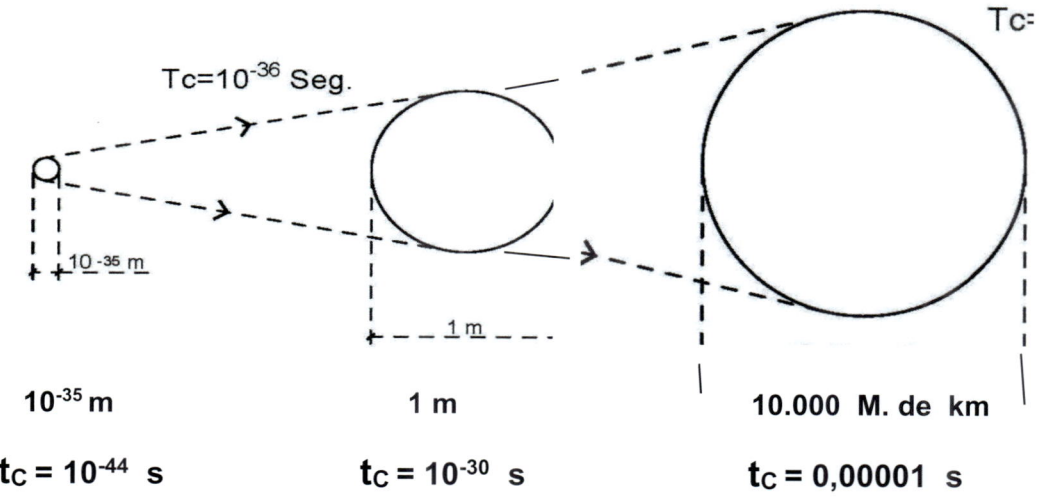

10^{-35} m	1 m	10.000 M. de km
$t_C = 10^{-44}$ s	$t_C = 10^{-30}$ s	$t_C = 0,00001$ s

Un cop acabada la gran inflació, he anat veient com l'univers ha anat creixent molt més a poc a poc fins a la mida actual. Aquest fenomen és **l'expansió de l'univers.** Al principi, durant aquests **0,00001 segons** que va durar la gran inflació, usant les meves facultats extraordinàries, vaig tenir temps per veure i experimentar moltes coses. El més important és que vaig observar com al meu voltant apareixien i desapareixien contínuament tota mena de partícules, la majoria molt energètiques. Algunes d'aquestes, gairebé immediatament i sense saber per què, adquirien massa i al cap de poc temps es desintegraven. D'aquesta manera, una cosa inexplicable per a

23

mi, van anar apareixent i desapareixent successivament tota mena de partícules. Aviat les de més massa i, per tant, les més energètiques, van anar deixant de formar-se. Les recordo vagament, però no les he contemplat mai més. A altres partícules de menor massa les he albirat eventualment, però les que eren menys energètiques sempre m'han acompanyat. Apareixien moltes partícules elementals de les quals ara en diuen quarks i també, entre moltes altres, les partícules de menor massa que ara es coneixen com a electrons. Totes aquestes partícules elementals han estat les meves amigues al llarg de la meva vida.

> **Jo soc l'electró i m'he reunit amb molts companys per anar girant al voltant de tots els àtoms que existeixen**

e⁻   D'altra banda, els quarks que van aparèixer eren dels sis tipus que ara els savis de les partícules coneixen i han anomenat quark a dalt, u, quark avall, d, quark estrany, s, quark encant, c, quark fons, b i quark cim, t.

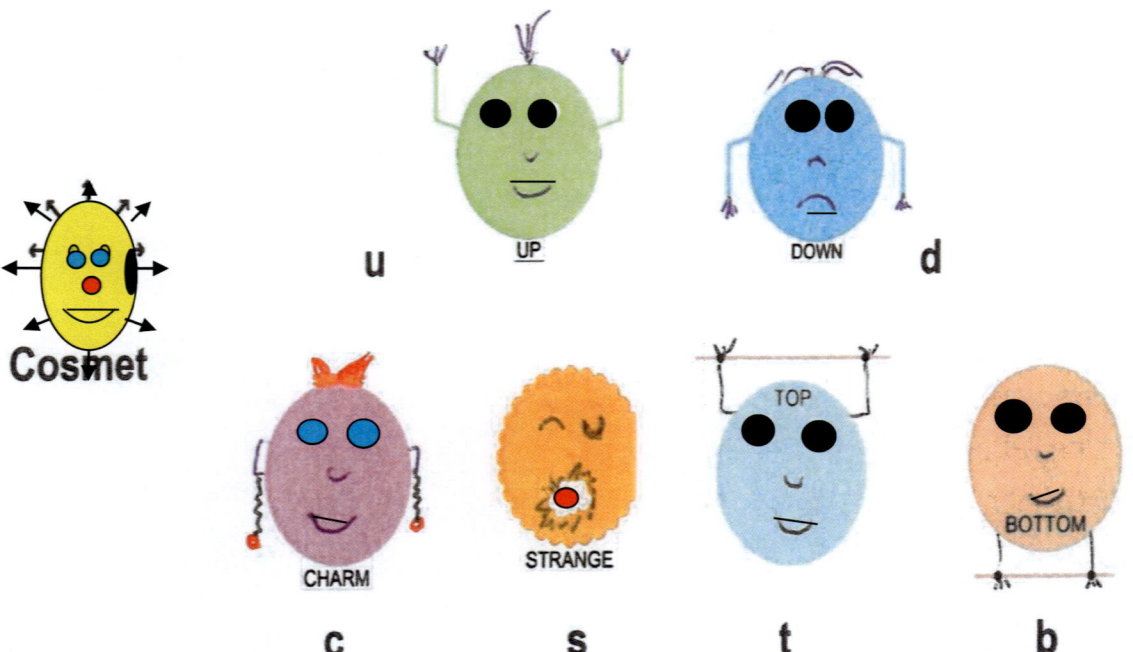

De tots aquests quarks, els dos de menor massa-energia són els de la primera fila; el quark a dalt (up) i el quark a baix (down), que no es van desintegrar. S'han mantingut sempre estables i actualment, juntament amb els electrons, formen tota la matèria que hi ha a l'univers. Els altres de més massa de la segona fila, aviat van deixar de formar-se i només els he pogut veure de nou eventualment al cap de molts anys.

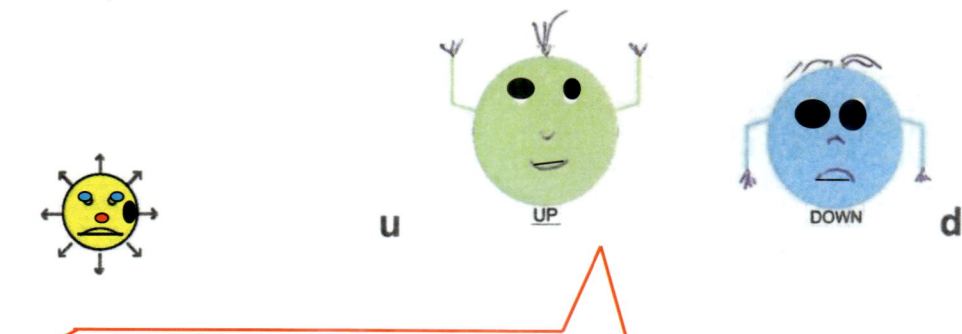

u UP

d DOWN

Ens hem mantingut sempre estables i formem, juntament amb els electrons, tota la matèria que hi ha a l'univers.

Els nostres companys de més massa, aviat ens van abandonar i van deixar de formar-se.

Al principi, vaig apreciar partícules elementals de diferents tipus gairebé enganxades les unes a les altres flotant en un mar de fotons, però al cap de poc temps, vaig observar també com els quarks de menor massa s'associaven en grups de tres, originant les partícules compostes que ara coneixem com a protons (u, u, d) i neutrons (d , d, u).

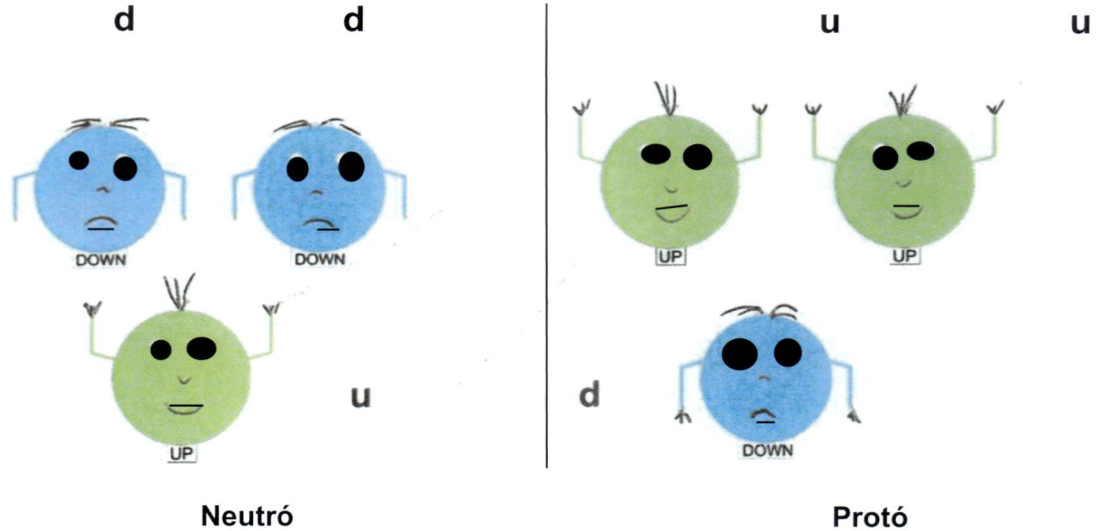

Neutró

Protó

Quelcom curiós que sempre he advertit, és el fet que aquests quarks mai no s'aparellen entre ells, sinó que s'uneixen formant trios; i encara més curiós i cosa rara, és el fet que aquests trios siguin totalment estables.

Anys més tard, vaig veure que algunes d'aquestes partícules compostes s'associaven alhora formant els **nuclis atòmics**. Igualment, molts protons no s'associaven a ningú i encara constitueixen els nuclis d'**hidrogen**. Moltes de les altres partícules compostes s'associaven també a grups de dos protons i dos neutrons formant nuclis d'**heli.**

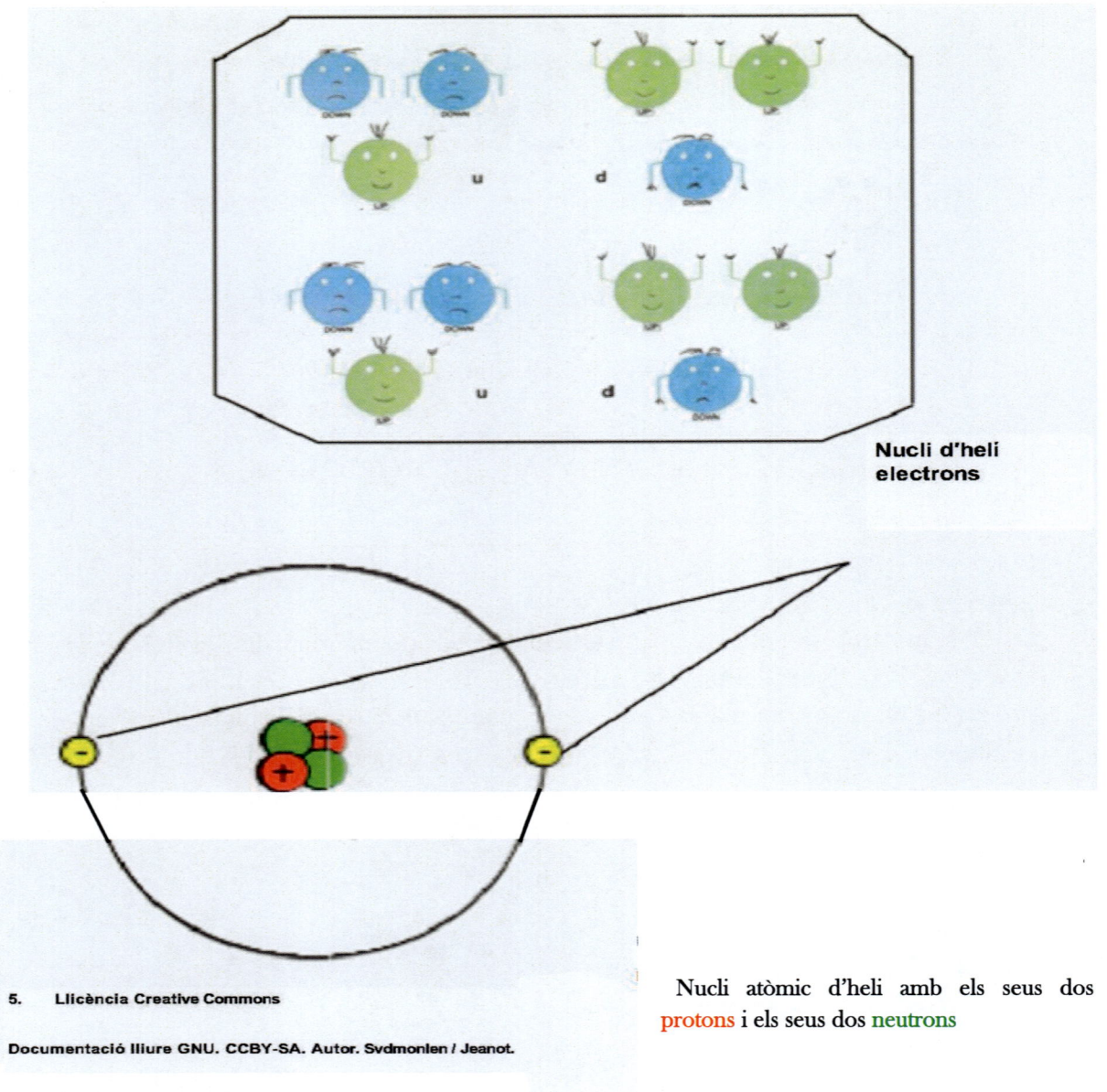

Nucli d'heli electrons

Nucli atòmic d'heli amb els seus dos protons i els seus dos neutrons

Quan vaig tenir **380.000 anys,** vaig comprovar que molts d'aquests nuclis s'envoltaven a gran distància d'**electrons** i, d'aquesta manera, es formaven els petits objectes que coneixem com a **àtoms,** dels quals sabem que estan formades totes les coses.

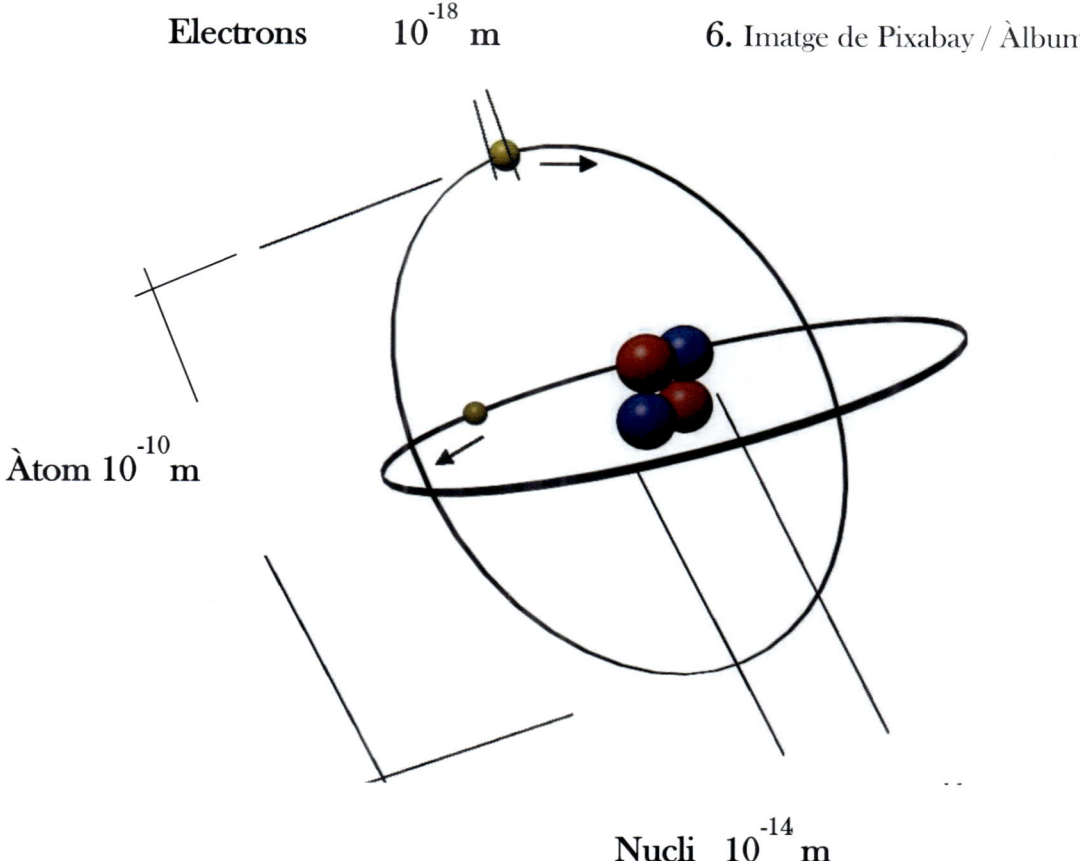

Electrons 10^{-18} m

6. Imatge de Pixabay / Àlbum

Àtom 10^{-10} m

Nucli 10^{-14} m

Pixabay / Àlbum. Àtom.

Els electrons quedaven situats a una distància del nucli d'aproximadament **10.000 vegades la seva dimensió**. Quan va tenir lloc aquesta agrupació, atesa la gran distància a què se situaven els electrons, van aparèixer molts espais buits; l'univers es va tornar més transparent, de manera que els fotons normals van poder començar a viatjar. La majoria han estat viatjant constantment per l'univers en expansió, gairebé sempre sense xocar amb res i sempre a la velocitat de la llum; no saben estar quiets.

Quan vaig arribar a l'edat de més o menys **un milió d'anys**, les partícules amb massa van començar a agrupar-se formant molts núvols que lentament es contreien, de manera que es van començar a formar els objectes còsmics que coneixem. Això ha anat passant durant tota la vida. S'han anat formant i encara es formen tota mena d'**estrelles diferents**, sempre depenent de la massa que tenia el núvol inicial de procedència.

blava   blavenca   blanca   grogosa   groga   carabassa   roja

Aquestes estrelles s'envoltaven dels objectes més petits que coneixem com a **planetes**. També, moltes s'agrupaven formant el que ara s'anomenen **cúmuls estel·lars** que, segons com estan disposades les estrelles, poden ser **cúmuls globulars**, més o menys esfèrics i molt densos, o bé **cúmuls oberts**, amb les estrelles més disperses.

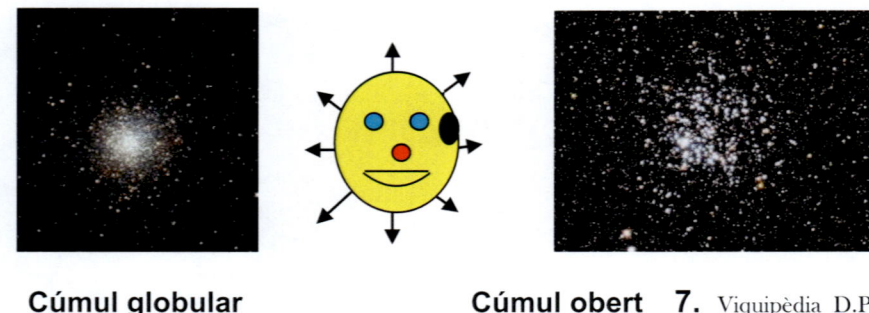

Cúmul globular   **Cúmul obert**   **7.** Viquipèdia D.P.

Mirant a major escala, he observat com tot això s'anava agrupant, formant diferents tipus de grans estructures anomenades **galàxies.**

Galàxia el·líptica   **Galàxia espiral**   **8.** Pixabay/Àlbum

Fins que no vaig tenir uns **9.000 milions d'anys** em vaig limitar a ser una partícula immersa a l'univers. En els molts viatges que vaig fer, em vaig dedicar bàsicament a conèixer tots els objectes còsmics que es van anar formant i van anar evolucionant.

Tots aquests viatges els vaig fer en la meva forma natural de partícula quàntica. Només quan m'interessava alguna cosa per algun motiu, sense perdre la meva essència pròpia de partícula, em desdoblava adoptant també altres formes.

Per exemple, quan he volgut conèixer la massa dels objectes còsmics, una petita part de la meva immensa energia l'he transformada en una **bàscula gegant** calibrada tant en quilograms com en masses solars **Ms**, i simplement els he pesat. Una massa solar és la massa del Sol, que els savis prenen com a unitat de mesura per determinar la massa dels objectes còsmics.

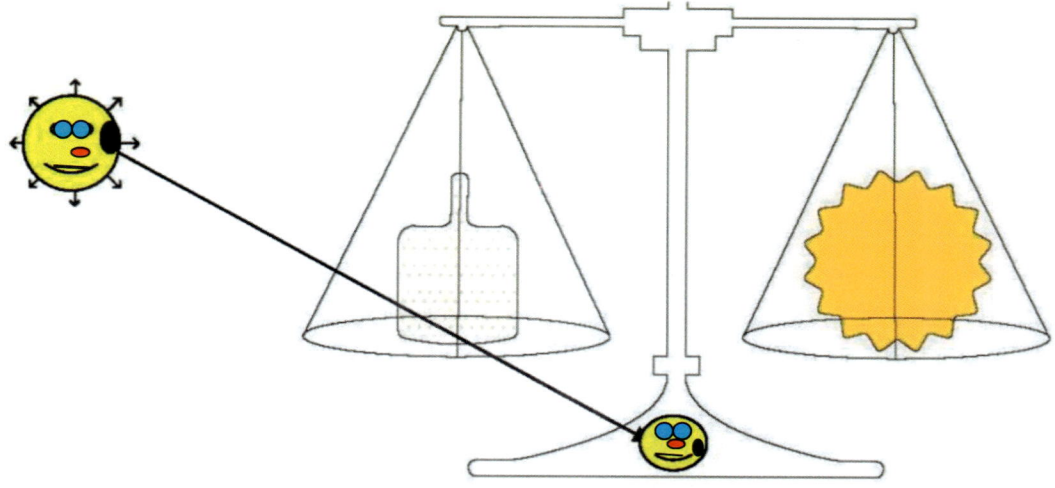

Cosmet pesant una estrella

Quan vaig acabar de pesar tots els objectes còsmics i vaig sumar-ne les masses, vaig conèixer la quantitat de massa que hi ha a l'univers, que va resultar ser d'uns 10^{53} quilograms; ni més ni menys que el que resulta de multiplicar **cinquanta-tres vegades** el número 10 per si mateix. Igualment, quan he desitjat saber la temperatura de qualsevol objecte còsmic, una petita part de la meva energia l'he convertida en un termòmetre gegant calibrat en allò que ara s'anomenen **graus Kelvin.** Amb ell he pres la temperatura de tots els objectes còsmics que he conegut.

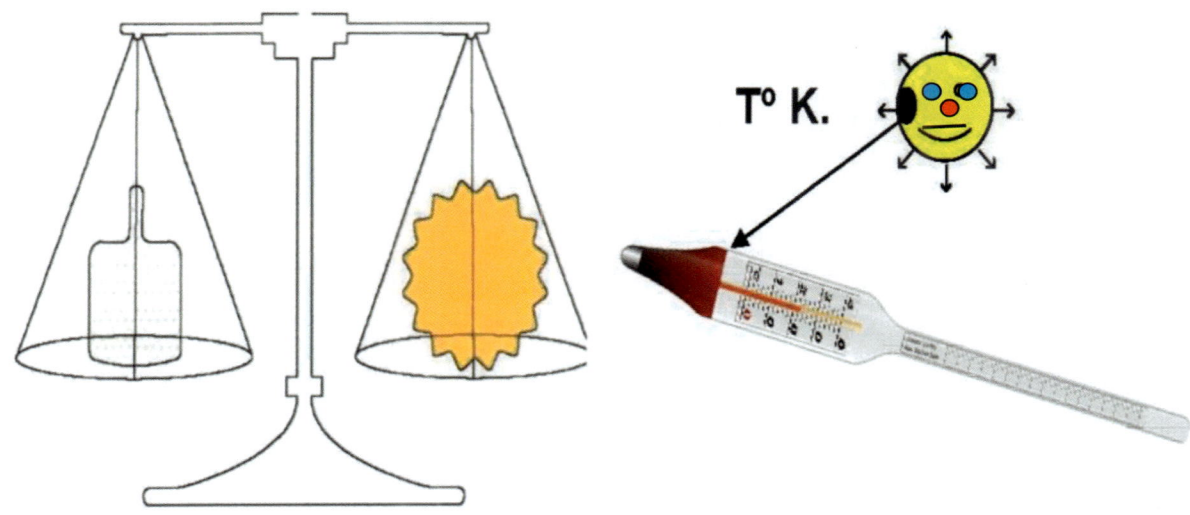

Cosmet prenent la temperatura d'una estrella mentre l'està pesant

D'altra banda, he entès molt bé el comportament de tots els objectes còsmics de l'univers, ja que amb les facultats extraordinàries que tinc, m'he transformat en cadascun d'ells durant tot el temps que he volgut. Realment, penso que soc un ésser extremadament singular. No obstant això, pel fet que a l'univers regeix entre altres el que jo anomeno **principi de no unicitat**, estic convençut que no he de ser l'únic exemplar amb aquestes capacitats; n'hi ha d'haver altres com jo o semblants. De tota manera, han de ser molt pocs, ja que de moment no n'he pogut conèixer cap.

Continuo amb la història de la meva vida. Fa aproximadament uns **4.600 milions d'anys,** quan jo ja era una mica més gran, tenia 9.000 milions d'anys, vaig observar que prop d'on jo em trobava habitualment s'estava formant el que avui dia anomenem el sistema solar, i amb ell, la Terra, satèl·lit del Sol. La novetat a partir de llavors van ser els meus viatges al Sol i als planetes que es van anar originant.

9. Pixabay / Àlbum

Des de la meva situació a l'espai, veia la Terra com un objecte molt més petit que el Sol que es trobava girant al voltant d'aquest, fent una volta cada 365 dies. Uns milions d'anys més tard, em va semblar un lloc agradable per anar a viure i tant va ser així, que em vaig desplaçar fins al punt on actualment es troba Barcelona i hi vaig fixar la meva residència habitual. **Pel que fa a la mateixa Terra, en aquests anys vaig veure que s'anava transformant sense parar. Vaig poder veure, per exemple, com la distribució de continents i oceans anava variant constantment; mentre uns s'enfonsaven als mars, altres anaven emergint.**

D'altra banda, a les zones de terra el relleu també anava canviant sense parar. A mesura que passava el temps, anaven apareixent i desapareixent muntanyes i valls. Les causes d'aquests comportaments no he arribat a entendre-les fins que fa pocs anys, he tingut ocasió de parlar amb humans normals experts en la ciència que s'ha anomenat geologia.

El més curiós que he pogut veure s'ha produït durant els darrers 700 milions d'anys i és referent a l'aparició a la Terra d'éssers amb vida. Al llarg d'aquest període, han anat apareixent i desapareixent diverses espècies d'animals i plantes amb les quals he tingut ocasió de conviure. Efectivament, des que van començar a aparèixer éssers vius dels tipus més diversos, sovint i conservant la meva personalitat essencial de partícula, n'he adoptat simultàniament la forma per poder viure entre ells i d'aquesta manera conèixer-los millor.

Ja al principi, vaig prendre l'aspecte de molts animals marins molt petits que van començar a aparèixer, com són, per exemple, els que els savis geòlegs anomenen **trilobits.** De tots aquests petits animals, ara els humans només en coneixeu els esquelets petrificats.

També, a partir de fa només uns 250 milions d'anys, em vaig transformar en animals molt grans com els mamuts i els dinosaures; vaig passar una temporada amb ells.

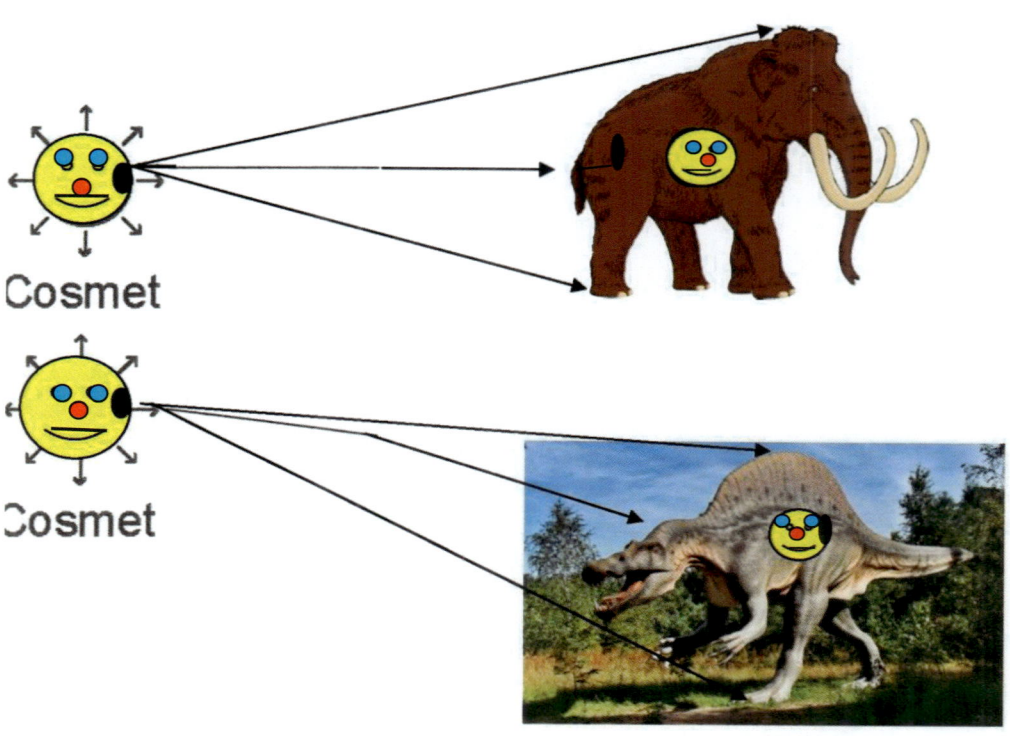

10. Pixabay / Àlbum.

En aquests viatges, he estat sempre en la meva forma natural de partícula quàntica, la qual, atesa la seva qualitat de ser indestructible, m'ha permès sobreviure a grans cataclismes de tota mena. Tots aquests fets que jo he viscut, els experts normals en geologia els han conegut només una mica a partir de l'estudi dels fòssils, que no són altra cosa que cadàvers petrificats d'antics éssers vivents.

Fa tot just un milió d'anys que, dins de les espècies animals, va aparèixer l'espècie humana, la principal característica de la qual és tenir, gairebé sempre, una intel·ligència superior a les altres. Quan vaig saber-ho, atesa la facultat de pensar que sempre he tingut, vaig decidir adoptar la forma d'aquesta espècie animal, sense abandonar la possibilitat de convertir-me en la meva essència veritable de partícula, sempre que volgués.

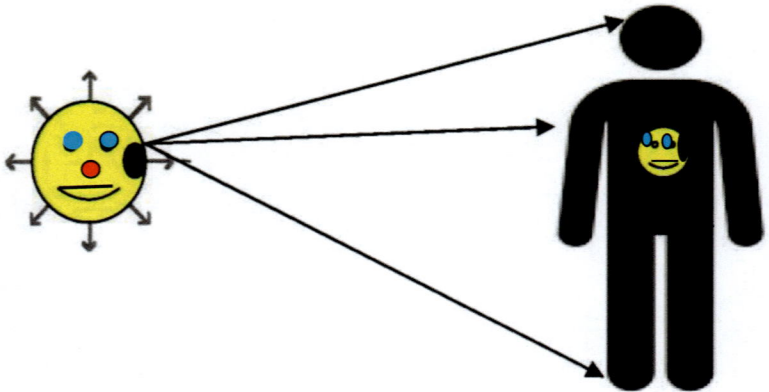

Tot el que us he explicat ho vaig veure, però no vaig ser capaç d'entendre-ho. Des de fa només uns 2.500 anys, davant de l'aparició contínua d'humans normals amb una intel·ligència molt desenvolupada, vaig decidir prendre contacte amb els que semblaven saber més de cada tema. Visitar aquestes persones durant aquests darrers 2.500 anys ha estat el principal motiu de la gran quantitat de viatges que he planejat i realitzat per la Terra.

A banda de tots aquests viatges per l'univers on habitualment resideixo i que tots més o menys coneixeu, he tingut també ocasió de visitar molts altres universos que també existeixen. Jo us ho puc assegurar perquè hi he estat. Per descomptat que cap humà normal com vosaltres no hi ha pogut anar, però alguns creuen que existeixen aplicant el que anomenen el **principi de no unicitat d'esdeveniments.**

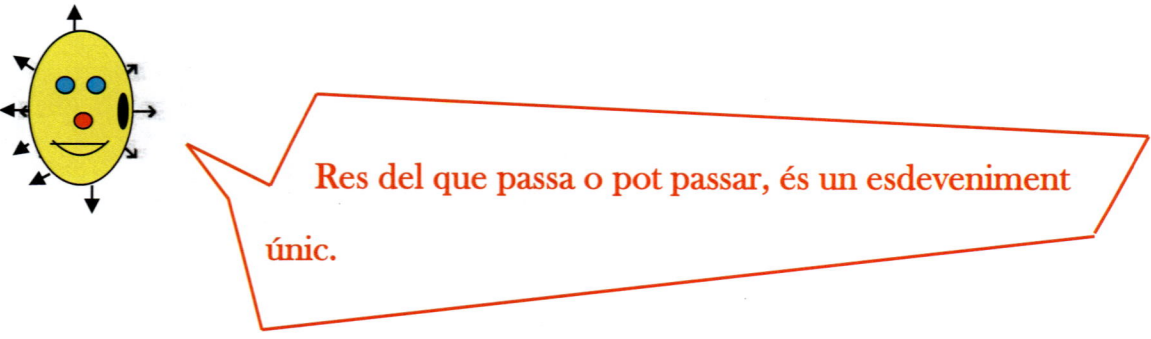

Res del que passa o pot passar, és un esdeveniment únic.

Aquest principi consisteix a creure que res del que passa és un fenomen únic i, per tant, igual que es va formar el nostre univers, se n'han format necessàriament molts d'altres. El conjunt de tots ells és el que alguns anomenen el **multivers**. Només jo que l'he visitat puc assegurar que tenen raó. De fet, és una idea molt simple; només cal pensar que no hi ha cap cosa que passi que no hagi succeït abans moltes vegades i que passarà moltes altres més.

Us he explicat qui soc en la meva naturalesa de partícula quàntica. Manca que us expliqui la meva segona naturalesa paral·lela, com a **ésser humà no normal**. Com que no m'agrada destacar, vaig decidir desdoblar-me adoptant la forma i les característiques d'un ésser humà estàndard **d'1,80 metres d'alçada i 80 kg** de pes.

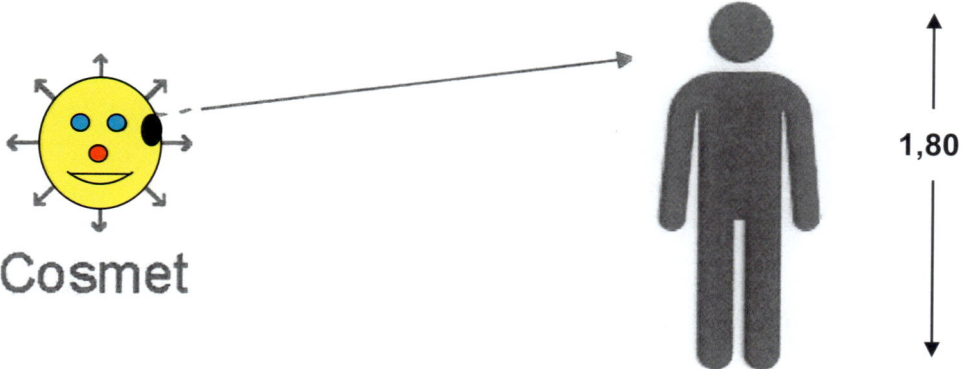

Cosmet

1,80

La veritat és que vaig quedar molt bé. Tant deu ser així que al cap de poc temps es va posar en contacte amb mi un alt directiu de **l'Oficina Internacional de Pesos i Mesures de Sevres,** on hi ha dipositats el metre i el quilogram patró. Em va demanar el meu consentiment per reproduir la meva figura en platí iridi a la qual anomenarien **l'home patró.** Amb el que a mi m'agrada passar desapercebut, lògicament, em vaig negar rotundament a la seva petició.

Quan anys més tard vaig poder parlar amb els savis, aquests em van explicar que en la meva personalitat humana estic format per àtoms de diferents elements químics que la majoria de vosaltres coneixeu.

Em van dir que en un **99%** del que som estem formats per àtoms dels quals un **65%** són **d'oxigen,** un **18%** de **carboni,** un **10% d'hidrogen,** i que tenim també quantitats molt més petites de **nitrogen, calci i fòsfor.** Aquestes proporcions venen indicades al quadre que us adjunta el meu amic l'enginyer, en el qual designa per a cada tipus d'àtom, el **nombre d'electrons** com a **E** i el de **protons** com a **P,** sent sempre **E = P.** Designa també com a **N** el nombre de **neutrons.**

núm. protons   núm. neutrons

núm. electrons

	%	E = P	N	
Oxigen	65%	8	8	(bàsicament aigua)
Carboni	18 %	6	6	(molècules orgàniques)
Hidrogen	10%	1	0	(bàsicament aigua)
Nitrogen	3%	7	7	(proteïnes)
Calci	1,5%	20	20	(ossos i dents)

Usant les dades d'aquest quadre, els que tingueu un mínim de coneixements de matemàtiques i us agradi fer números, podeu calcular fàcilment l'ordre de magnitud del nombre de partícules de què estem formats. Sense fer cap càlcul, jo he contat les partícules de cada tipus que tinc, que són ni més ni menys que unes 10^{30}, que és el que resulta de **multiplicar trenta vegades el número deu per si mateix.** El que resulta, doncs, dels càlculs, és que **el nombre de partícules elementals amb matèria que tenim és d'un ordre de magnitud de** 10^{30}**, per igual entre protons, neutrons i electrons.**

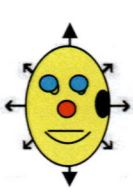

No som altra cosa que un conjunt d'aproximadament 10^{30} partícules elementals degudament ordenades.

D'altra banda, atesa la gran distància que hi ha a cada àtom entre el seu nucli i els electrons que l'orbiten, resulta que **el meu cos està ocupat gairebé per la seva totalitat per un espai buit de matèria.**

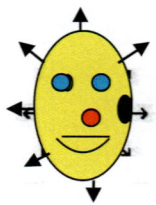

Sí, sí; segur que no sabíeu que gairebé tot el vostre cos és buit.

A més, també tinc altres **partícules immaterials de tipus i característiques molt diferents**, com són, per exemple, les que corresponen a totes les meves **sensacions, sentiments i pensaments**. Encara que cap savi no m'ho ha sabut explicar, penso que no són més que partícules immaterials que recorren constantment el sistema nerviós dels humans, com si fos una fibra òptica.

També m'he dedicat a analitzar moltes altres coses als humans normals que he anat coneixent. Ara sé, per exemple, que la massa o l'energia total que contenen els seus cossos ha existit des de sempre; és a dir, durant els 13.700 milions d'anys que tenim l'univers i jo mateix.

He observat que els humans normals, des que neixen i fins a la seva mort física, el nombre de partícules està sempre augmentant; al principi, absorbint el cos una quantitat d'energia equivalent a l'increment de la massa. Més tard, generalment, el nombre de partícules va disminuint. **Al final d'aquest cicle de vida, la seva mort física no és una mort real, ja que les partícules elementals no desapareixen, sinó que es dispersen per l'univers.**

He arribat, doncs, a la conclusió que la mort física d'un ésser vivent significa únicament que en un determinat instant desapareix l'organització de les partícules elementals que el constitueixen. Aquestes deixen de formar els seus cossos i s'integren a la totalitat de l'univers; així, passat un temps, moltes estan situades a milers i milions d'anys llum de distància, però conservant segurament determinades connexions quàntiques amb partícules d'altres éssers encara amb vida.

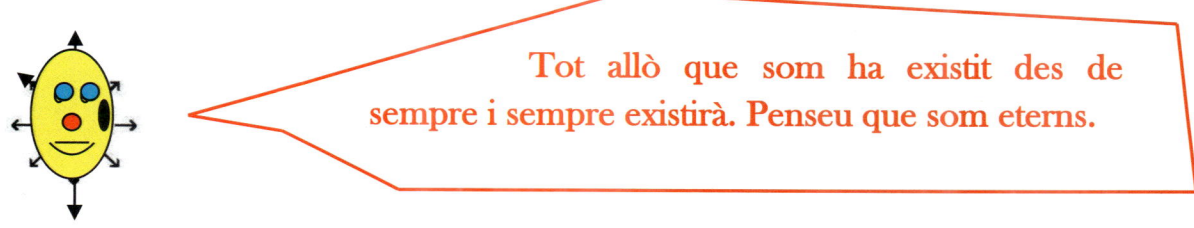

Tot allò que som ha existit des de sempre i sempre existirà. Penseu que som eterns.

M'he adonat que aquests conceptes tenen un cert paral·lelisme amb algunes idees religioses que sostenen molts humans normals. Creuen que l'ésser humà té un contingut material i quelcom immaterial que han anomenat ànima. Quan la vida s'extingeix, sostenen que l'ànima roman. Les religions cristianes i algunes altres sostenen a més que aquesta ànima és eterna; o sigui, que no mor mai. Així mateix, depenent del comportament ètic que ha mantingut l'individu en qüestió, creuen que la seva ànima anirà a parar al cel o a l'infern. Cosa positiva d'aquestes curioses afirmacions relatives al fet que l'ànima no mor, pot ser que en alguns casos hagin ajudat persones creients moribundes a acceptar la seva situació i potser els han proporcionat un determinat consol.

En la concepció materialista de l'ésser humà que jo tinc, aquests efectes positius podrien ser més grans. No només són eternes les partícules immaterials, sinó la totalitat de les partícules.

D'altra banda, d'acord amb el comportament quàntic d'aquestes, no existeix el comportament bo –el bé– o el comportament dolent –el mal–. Únicament ha d'existir allò que els savis de la física quàntica anomenen una funció d'ona, la qual determina en cada individu i en cada moment les probabilitats que pugui realitzar qualsevol acte del tipus que sigui.

Els inferns no han d'existir, ja que en cap dels meus viatges els he vist. Les partícules de tots els humans normals que per atzar quàntic s'han acoblat temporalment en allò que s'ha anomenat vida, s'han de trobar distribuïdes per la immensitat de l'univers, conservant-se determinades connexions quàntiques entre moltes.

Així que podeu estar ben tranquils, mai no desapareixereu. Les vostres partícules aniran donant voltes per l'univers eternament, tal com ho han estat fent durant molts milers de milions d'anys.

Ara ja sabeu qui soc i com soc; així mateix, de quina manera veig els humans normals amb els quals em relaciono. No us he dit que soc amic de molts; fins i tot que estic casat i tinc família.

Sí, sí; quan ja fa uns anys vaig decidir buscar parella, em vaig dedicar a observar amb atenció totes les dones que existien i precisament la que més m'agradava es va enamorar de mi.

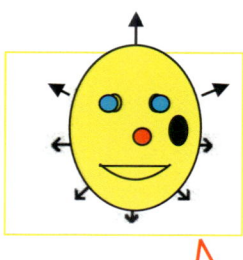

A més, fa molt poc temps, m'he fet molt amic d'un humà molt normal amb qui mantinc una gran relació. És enginyer, del tipus que ara anomenen de camins, canals i ports.

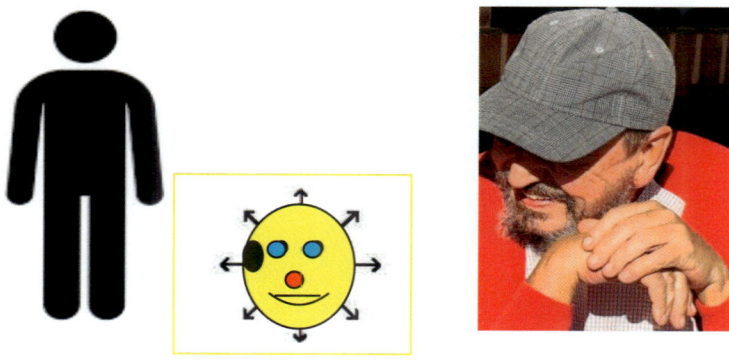

Entre altres coses he notat que ens assemblem força. Fins i tot he pensat que podria ser el meu pare.

Ja coneixeu aquell dit castellà que diu « No se puede decir que de esta agua no beberé ni que este cura no es mi padre ». Els darrers dies s'ha dedicat a passar a net totes les notes que he anat prenent i fins i tot m'ha proporcionat dibuixos dels quals us n'adjuntaré una còpia. La veritat és que s'assemblen força a tot el que jo he vist i viscut.

Ara que em coneixeu bé, passo a explicar-vos el que he pogut contemplar en molts dels meus viatges i també algunes de les conclusions a què he arribat. És una llàstima que els nens i els molt joves no ho pugueu encara entendre, ja que si fos així, potser jo podria arribar a ser tan famós com Tintín.

Els meus viatges per l'univers

Us explicaré primer els meus viatges per l'univers fins que vaig tenir l'edat de **9.000 milions d'anys**, que va ser quan es van formar el Sol i els seus planetes. Els vaig fer tots ells en la meva forma natural de partícula quàntica i únicament quan m'interessava per algun motiu n'adoptava d'altres. Ja us he esmentat, per exemple, com m'he transformat en una bàscula gegant sempre que he volgut conèixer la massa que tenien els objectes còsmics.

En tots aquests viatges em vaig dedicar bàsicament a conèixer tots els que es van anar formant i l'evolució dels mateixos a mesura que transcorria el temps. Vaig veure néixer estrelles, sempre a partir d'un núvol molt gran de gas on s'anaven formant grumolls i concentracions cada cop més denses de les partícules que les constituïen, tot això a causa de l'efecte de l'atracció gravitatòria entre les masses, tal com em va explicar el senyor Isaac Newton quan el vaig visitar fa no gaires anys.

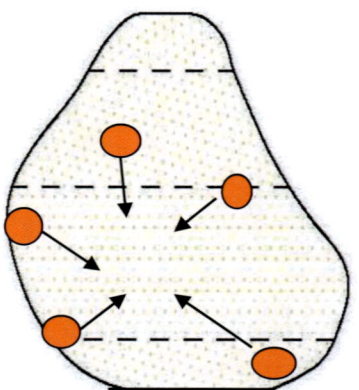

En els primers 9.000 milions d'anys, vaig observar moltes de les estrelles que s'anaven originant. Igualment, vaig comprovar com s'agrupaven formant **cúmuls estel·lars i galàxies.**

Us avanço que quan tenia poc més de 1.000 milions d'anys, em vaig fixar en els objectes còsmics anomenats **forats negres.** Quan vaig tenir ocasió de visitar-los, vaig poder sortir del nostre univers i descobrir l'existència de molts altres. Allà vaig veure amb sorpresa que, de manera instantània, podia connectar-me seguint els camins que els savis anomenen **forats de cuc,** amb tots els altres forats negres que existeixen i visitar així, fins i tot les galàxies més llunyanes, a les que pel camí ordinari, ni amb les velocitats més grans que puc assolir no hauria pogut arribar mai.

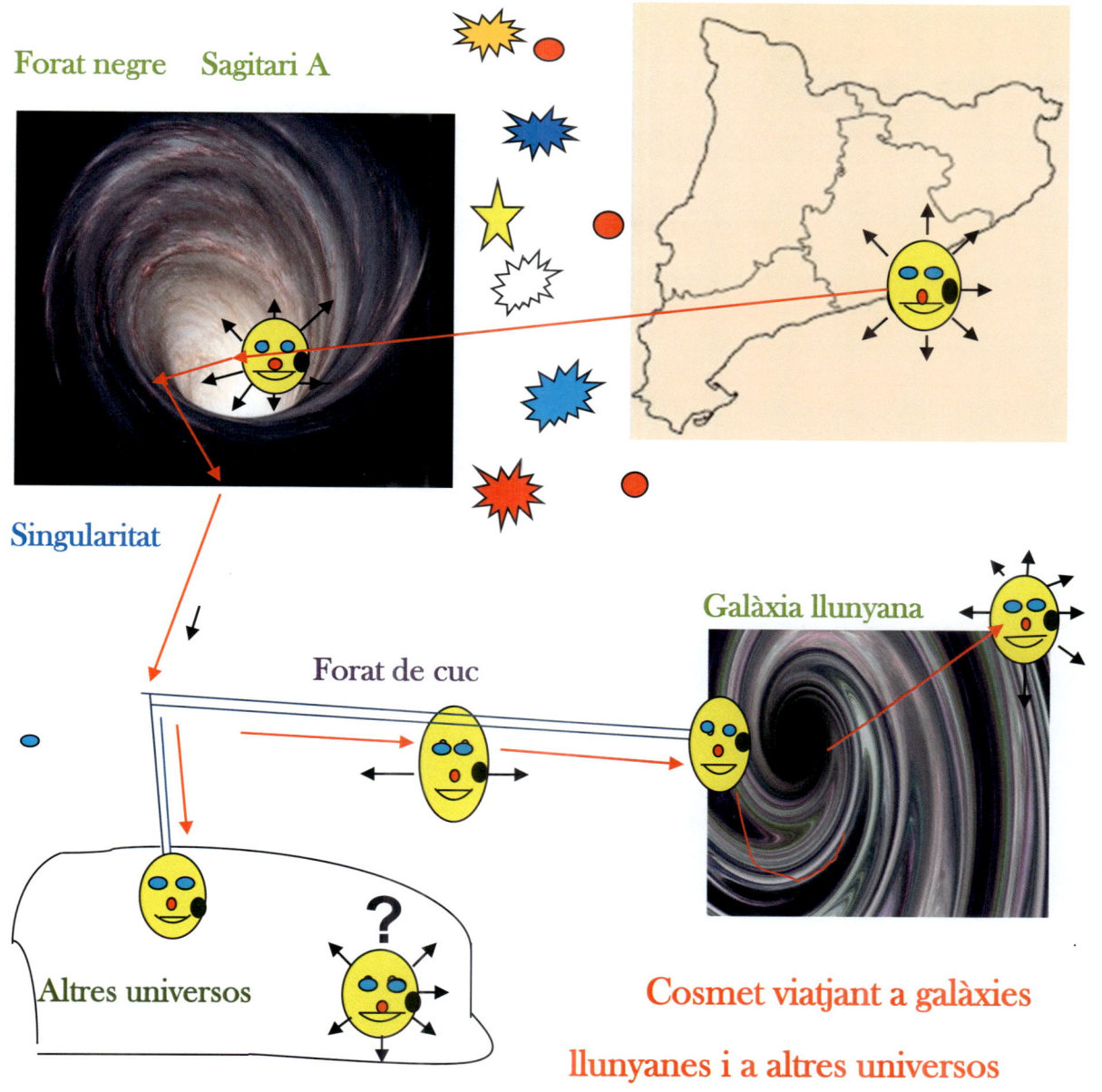

Forat negre   Sagitari A

Singularitat

Forat de cuc

Galàxia llunyana

Altres universos

Cosmet viatjant a galàxies

llunyanes i a altres universos

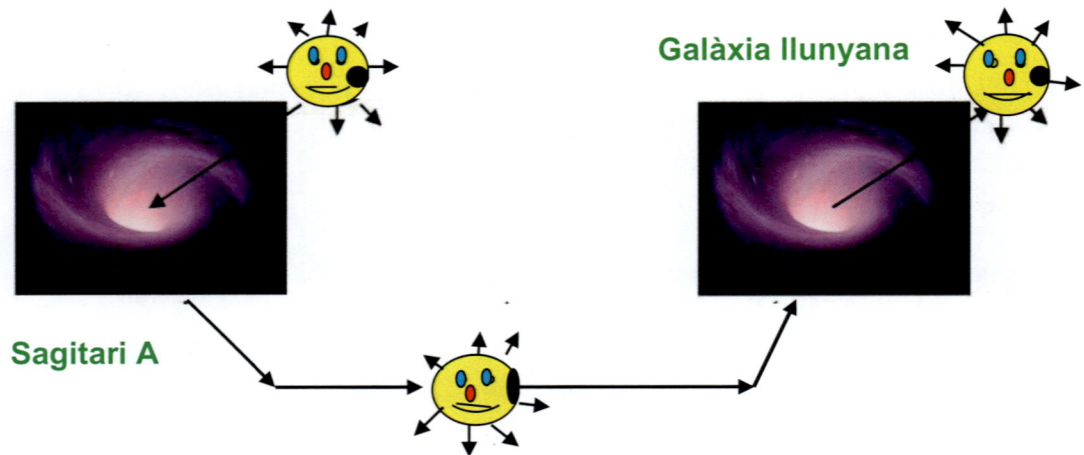

Galàxia llunyana

Sagitari A

11. Forats de cuc. Imatge de Pixabay / Àlbum.

Així he realitzat en diverses ocasions 88 viatges per les 88 direccions que indiquen les constel·lacions que veiem al cel nocturn. Us explicaré tots aquests viatges i el que vaig veure als principals objectes còsmics que em vaig anar trobant.

Des que vaig fer 9.000 milions d'anys i me'n vaig anar a viure a la Terra, per estar solidàriament lligat a ella, l'he vist sempre en estat de repòs. Des de la meva nova localització, el que vaig veure que es movia era el Sol, que feia una volta cada 365 dies. Vaig observar també que cada dia el Sol apareixia i desapareixia cada 12 hores. Tot i les limitacions del meu enteniment, aviat vaig poder deduir que això es produïa perquè la Terra girava contínuament sobre si mateixa, fent un gir cada 24 hores. Durant les 12 hores en què era de dia, pràcticament no podia veure res de l'univers, ja que, malgrat que la meva vista era extraordinària, el Sol m'encegava. Podia veure els objectes còsmics de l'univers només durant les hores nocturnes.

Les meves visites als savis

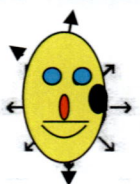

Ha estat en els darrers 2.500 anys quan m'he dedicat a entaular conversa amb moltes persones, en particular, amb els savis, sense entrar mai a discutir res amb ningú. M'he guardat de no parlar de futbol, de política ni de religió, perquè mai no m'he volgut fer enemics. Ja coneixeu una dita castellana que diu « Futbol, política y religión no han de ser temas de discusión ».

De tot el que m'han aclarit els savis durant aquests anys, em limitaré a explicar-vos només el que m'ha permès entendre el meu nivell del coneixement de les matemàtiques. Dels savis amb què he conversat, els que més coses m'han aclarit, han estat els savis matemàtics i els físics. He vist que els uns i els altres enfoquen les coses de manera diferent, ja que les matemàtiques i la física són disciplines conceptualment diferents.

Algú em va comentar que les matemàtiques es mouen sempre en un àmbit abstracte en què els diferents conceptes i les seves relacions s'analitzen utilitzant regles pensades pel mateix matemàtic. En canvi, que a la física s'analitzen tota mena de conceptes i les seves relacions, emprant i acceptant les regles fixades per la mateixa naturalesa. Això no obstant, m'he adonat que és molt curiós veure que moltes de les regles que inventa el matemàtic, poc més tard, amb l'avenç de l'experimentació, s'acaba descobrint que sovint coincideixen amb les que imposa la naturalesa. Efectivament, he comprovat que el comportament de l'univers entès com un conjunt de partícules de massa-energia obeeix sempre a uns **models matemàtics** que no només expliquen i justifiquen fets comprovats experimentalment, sinó que, a més, han permès anticipar el coneixement de nous fenòmens que més tard han estat verificats en experiments.

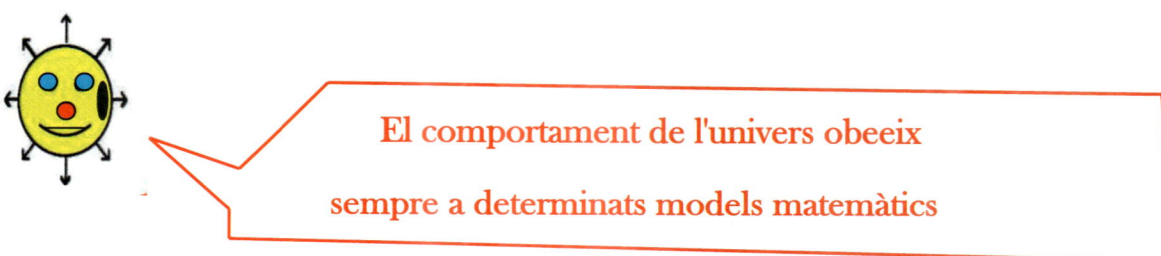

El comportament de l'univers obeeix

sempre a determinats models matemàtics

Crec que dels coneixements proporcionats per raonaments i deduccions matemàtiques que encara no han estat verificats de manera experimental, segurament, molts s'aniran comprovant a mesura que els savis normals vagin avançant en els mètodes, els instruments i els sistemes d'experimentació.

El que sí que he constatat és que sovint el coneixement de l'univers proporcionat per les matemàtiques ha avançat al coneixement proporcionat per l'experimentació. Potser entre molts altres, un dels casos més significatius d'aquest fet és el que em va explicar el senyor Albert Einstein sobre una equació d'equivalència massa – energia. Una massa **m** equival a una quantitat d'energia **E.**

$E = m \cdot c^2$, en què **c** és la velocitat de la llum; 300.000 km/seg.

Einstein va obtenir aquesta equació de l'equivalència entre la massa i l'energia, simplement mitjançant una deducció matemàtica senzilla. Uns quants anys més tard, l'equivalència va quedar verificada en diverses experiències molt nefastes com van ser les d'Hiroshima i Nagasaki de la Segona Guerra Mundial, en les quals simplement una petita massa radioactiva es va convertir en altres tipus d'energia equivalent.

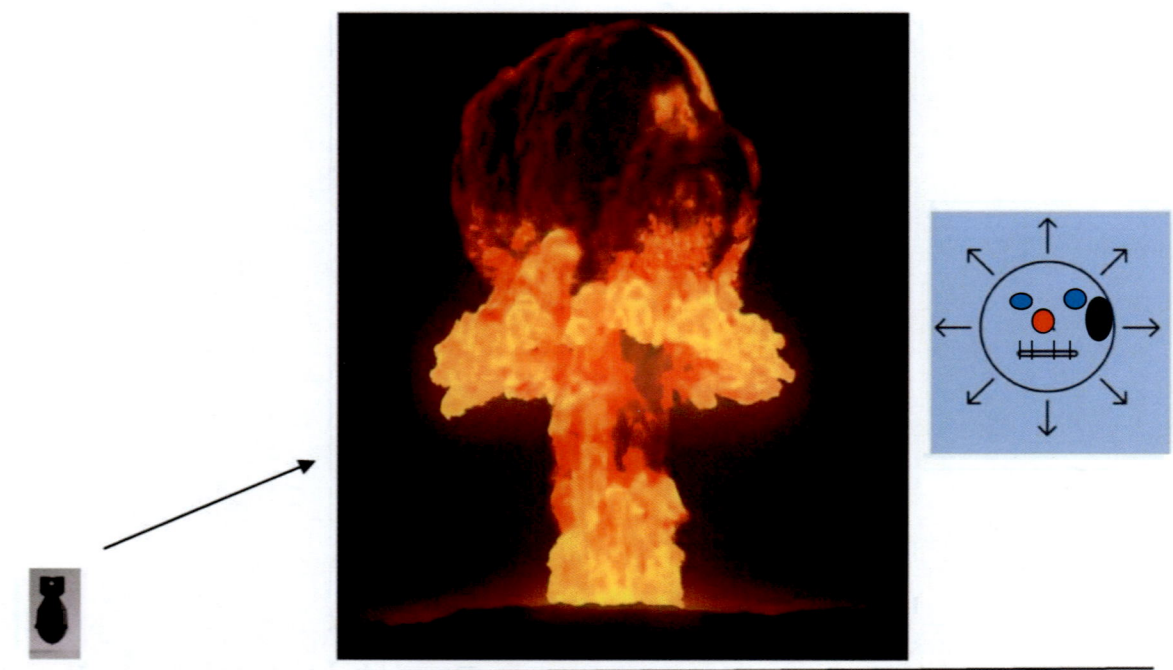

12. Hiroshima.   Imatge de Pixabay / Àlbum.

M'he adonat també que un altre dels aspectes més significatius que il·lustren el paper fonamental que han tingut les matemàtiques en el coneixement de l'univers, ha estat que anticipen coneixements teòrics molt per davant de la seva verificació experimental.

Un exemple d'això ha estat el coneixement, per part dels humans, de l'existència de moltes partícules elementals simplement a partir de models matemàtics, molt abans que fossin detectades experimentalment. Així doncs, només és des de fa 2.500 anys que, gràcies a les meves visites i converses amb els savis, vaig començar a entendre alguna cosa de tot el que havia vist.

Entre molts altres, vaig poder conversar amb **Sòcrates, Plató, Aristòtil, Galileu, Copèrnic, Maxwell, Descartes, Riemann, Pierre i Marie Curie, Lorentz, Einstein, Planck, Pauli, Schrodinger, Bohr, Dirac ....**

A banda de les meves visites a cada savi, un cop vaig coincidir amb molts quan, l'any 1927, es trobaven junts en un ja històric Congrés Solvay, al qual jo vaig assistir discretament en la meva forma de partícula quàntica. Entre els vint-i-un científics que hi van participar hi havia alguns dels més importants de l'època. Al Congrés presidia el físic holandès **Hendrik Lorentz**. També hi havia **Max Planck**, el físic alemany que va iniciar la física quàntica a principis de segle i **Marie Curie**, la científica francesa d'origen polonès que, tenint ja el Premi Nobel de Física, havia rebut recentment un segon, el de Química.

Gairebé tots eren posseïdors del Premi Nobel, o ho serien al cap de poc temps. Em va sorprendre que no hi hagués premi Nobel de matemàtiques. Algú em va dir que no hi ha un premi Nobel de matemàtiques perquè la dona d'Alfred Nobel li era infidel amb un matemàtic; però això és fals, ja que Nobel mai no es va casar. La fotografia dels assistents decora moltes universitats de ciències de tot el món.

F 13.   Domini públic.   File: Solvay conference 1927 jpg.   Creat l'1 de gener de 1927 per Benjamin Croupie

A la sortida del congrés i ja en el meu aspecte humà, vaig escoltar les converses, fins i tot discussions, que mantenien diversos savis. Una va ser la que van mantenir **Bohr** i **Einstein** sobre **l'atzar quàntic**, en què aquest últim no creia totalment.

Mentre discutien sobre el **principi d'incertesa de Heisenberg**, es va produir l'agut intercanvi de comentaris entre Einstein i Bohr que ha passat a la història.

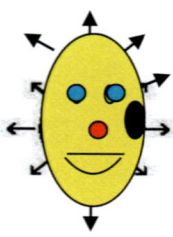

El primer li va dir:

« Déu no juga als daus »

i Bohr va respondre,

«Einstein, no li diguis més a Déu el que ha de fer »

Encara que la majoria de grans savis van sortir entusiasmats del congrés, **Bohr va tornar a Dinamarca decebut per no haver pogut convèncer Einstein** perquè acceptés les seves idees sobre la naturalesa de la realitat quàntica.

Conclòs l'esdeveniment, vaig tenir l'honor de parlar amb els físics més importants del moment, dels quals jo ja coneixia **Max Planck, Marie Curie, Hendrik Lorentz, Paul Dirac, Albert Einstein, Louis Victor de Broglie, Wolfang Pauli, Werner Heisenberg , Max Born i Niels Bohr.**

Per acabar, us he de dir també que, en totes les meves visites als savis, m'he guardat molt d'explicar-los la meva veritable naturalesa com a partícula quàntica, ja que penso que no ho haurien entès en absolut.

És que jo soc molt estrany, ja que simplement la meva pròpia existència contradiu totes les lleis que regeixen l'univers, les quals els savis han anat descobrint.

Entre altres coses, no haurien trobat cap explicació al fet que, sent jo una partícula sense massa, em pugui moure i viatjar a qualsevol velocitat, fins i tot romandre en repòs.

Totes les altres partícules sense massa, com són els fotons normals, estan condemnades a moure's perpètuament a la velocitat de la llum, sense capacitat de modificar aquesta velocitat. Això jo ho entenc molt bé, atès que la velocitat d'una partícula només varia quan se li aplica una força i qualsevol força només actua sobre partícules màssiques.

Ara com ara, no he conegut cap savi que pugui explicar la meva naturalesa, ja que va en contra de totes les teories acceptades. **L'única explicació que a mi se m'acut és que, possiblement, jo devia néixer en un altre univers regit per lleis i paràmetres diferents i, per un simple atzar, vaig quedar incorporat al nostre.**

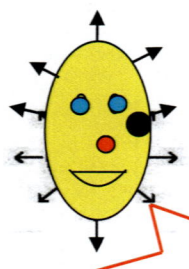

Xit!

Si us plau, us he explicat això només per la singularitat de la nostra situació de confinament.

No digueu res a ningú d'això, no ho entendrien i us prendrien per bojos o per mentiders.

Penso que només es podria entendre tot això si algun dia apareguessin un nou Einstein i un nou Max Planck que descobrissin la possible existència de lleis generals diferents, vàlides per a la totalitat del cosmos, i una possible relació entre els paràmetres propis de cada univers.

Durant els darrers anys, a banda de visitar molts més savis, he realitzat altres tipus d'activitats amb què m'he entretingut molt. Entre elles, us parlaré de les excursions que he fet acompanyant astronautes en totes les seves missions espacials. La més emocionant per a mi va ser quan vaig acompanyar discretament el senyor **Neil Armstrong** en el seu passeig per la lluna.

14. Imatge de Pixabay / Àlbum

També ho he passat molt bé pujant als artefactes que els savis humans han anat inventant i construint per poder observar l'univers. Per exemple, m'he passat moltes hores viatjant per l'espai dins del telescopi espacial anomenat **telescopi espacial Hubble,** en honor a Hubble.

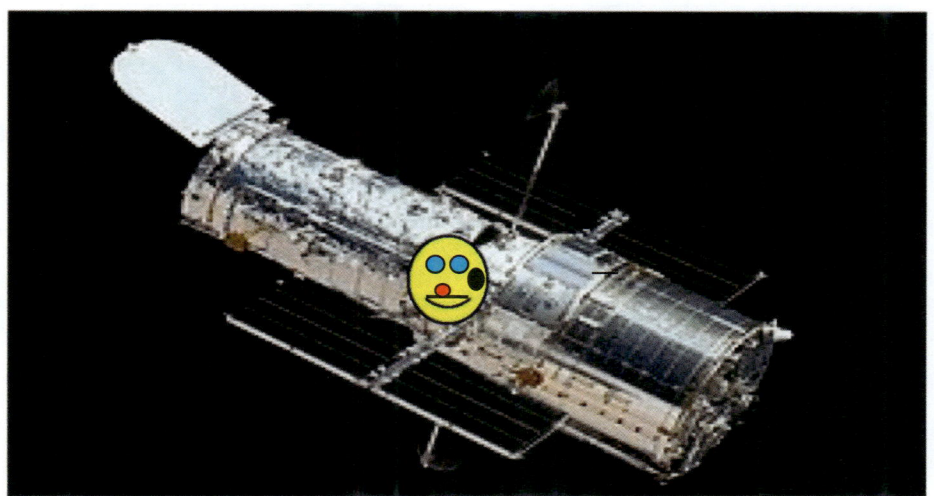

16. Cosmet viatjant en el Hubble.   Viquipèdia. Domini públic. File: HST- SM4.jpe

Foto del telescopi espacial Hubble de la NASA, presa durant la cinquena missió de servei el 2009. Ruffnax (Tripulació de STS 125)http://catalog.archives.gov/OpaAPI/media/23486741/content/stillpix/255-sts/ STS125/STS125_ESC JPG/255-STS-s125e011848.j

Sempre m'han agradat també força els acceleradors de partícules, que són uns artefactes que han anat inventant i fabricant els savis per detectar-les, recreant-hi les condicions de l'univers primitiu en el qual ja us he explicat com es van formar de manera natural.

Als acceleradors, els savis creen les partícules buscades, de les quals generalment han predit abans la seva existència, a partir de provocar col·lisions amb altres partícules fàcils d'obtenir, com poden ser els **electrons** i els **protons**. Aquestes són generalment les partícules de partida als acceleradors, la funció dels quals és accelerar-les fins a dotar-les d'una altíssima velocitat i, per tant, d'una energia molt gran. En xocar entre elles, es desintegren i aquesta energia es converteix en partícules de gran massa

> Jo ho he pogut veure moltes vegades. El que he fet és ficar-me dins de l'accelerador i, a una velocitat lleugerament inferior a la de la llum, seguir de prop les partícules que hi circulen. Això m'ha permès observar de prop molts xocs i la formació de partícules que els savis mai han aconseguit veure.

16. Cosmet dintre del LHC, movent-se gairebé a la velocitat de la llum

Accelerador de partícules a l'LHC. Imatge presa de Viquipèdia. Fotografia del CERN. Creative Commons, Maximiliano Brice (CERN. Llicència Creative Commons Attribution-Share Alike 3.0 Unported.

2. Com veig ara el cosmos i l'univers en què vivim

En aquest primer dia de confinament i després d'un descans, aquí em teniu, de nou, en la meva doble naturalesa humana i de partícula quàntica, per explicar-vos com ara jo veig el cosmos i l'univers en què vivim.

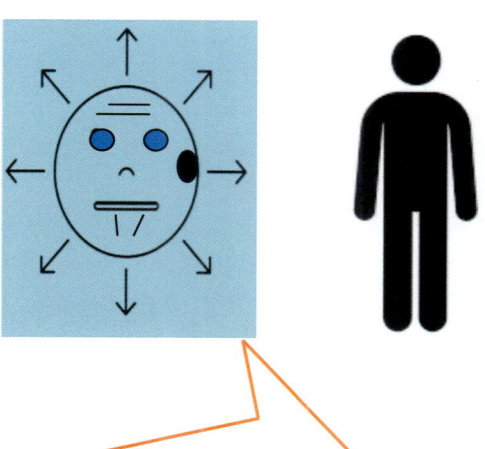

Em notareu potser una mica més seriós que abans. És que el tema d'aquesta tarda no es presta a gaires bromes.

Tots sabeu que vivim a **l'univers**. Us explico la meva visió àmplia d'aquest que, després de molts anys d'observar i de viatjar per ell, he pogut adquirir. D'entrada, ja us dic que **aquest univers que més o menys coneixeu no és l'únic que existeix**. És només una petita part del que s'anomena el **cosmos** que per mi **és el conjunt de tot el que existeix, ha existit o pot existir, material o immaterial i observable o no observable per vosaltres, que sou éssers humans normals**. De fet, la major part del cosmos existeix sense que en pugueu tenir coneixement. Efectivament, he comprovat que, per una banda, hi ha l'univers que coneixeu, on hi ha la geometria; per tant, els conceptes de **punt**, de **mida** i de **distància** propis del nostre univers observable. En aquest mateix, hi ha **l'espai** que és un **conjunt de punts,** i també **el temps**.

Però jo he pogut comprovar l'existència d'alguns universos semblants al nostre i uns altres molt diferents.

> També una immensa part del cosmos fora del nostre univers, on no hi ha cap mena de geometria, per la qual cosa, tota aquesta part no es troba lligada a cap espai físic, a cap localització, ni a cap moment temporal, ja que allà no existeix el temps.

Jo he accedit moltes vegades a aquesta part del cosmos i he arribat a la conclusió que constitueix un espai abstracte, no físic, els elements del qual, pel simple fet de la seva existència, es poden considerar com a punts imaginaris, és clar, considerant la paraula punt en un sentit diferent de l'estrictament geomètric. Cadascun d'aquests punts imaginaris no és altra cosa que una quantitat indefinida d'energia que està fluctuant constantment. Lògicament, no té gaire sentit una representació d'alguna cosa que no té dimensions, però hi ha hagut qui fins i tot ha fet dibuixos com el següent:

17. Imatge extreta de nasa.gov. Image Credit: X-ray: NASA/CXC/FIT/E. Perlman; Illustration: CXC/M. Weiss.

> Des que hem començat estic veient moltes cares de sorpresa.

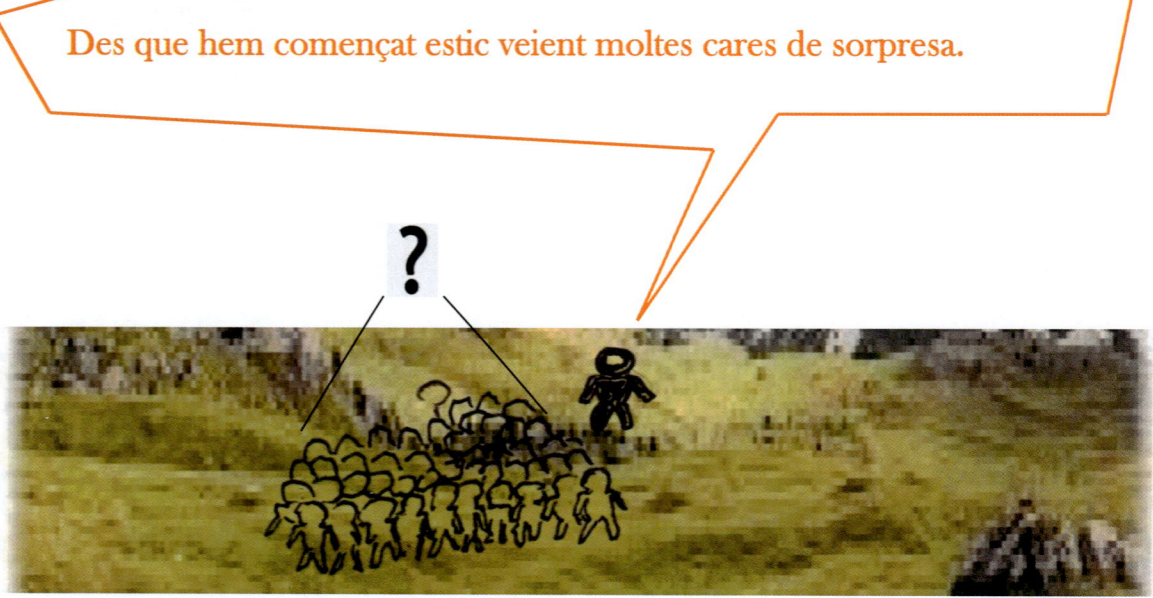

> Ho entenc, ja que tots vosaltres, pel fet d'estar sempre lligats a l'espai i al temps, mai no heu pogut sortir del vostre univers; per tant, se us fa molt difícil imaginar-vos tot això.

Així i tot, us intentaré explicar com jo ho veig:

> Per mi, el cosmos global es pot assimilar al que seria un espai puntual imaginari, que alguns humans han anomenat el superespai.
>
> Dins aquest superespai imaginari, vivim tots en un espai puntual real del qual no és res més que una petita part. En termes matemàtics, és el subconjunt que els humans normals anomeneu « el nostre univers observable ». Jo sé que l'univers observable només és una petita part del cosmos total o superespai que únicament jo, amb les meves facultats i poders extraordinaris, he pogut conèixer.

A més, sé que hi ha altres subespais puntuals reals que són altres universos, als quals he visitat gràcies a les meves facultats, com ja us he comentat. Molts s'assemblen al que observeu els humans normals, però d'altres són totalment diferents. El conjunt de tots aquests universos és el que uns quants savis humans anomenen el **multivers** i ho imaginen com un conjunt d'universos immersos com a bombolles flotant dins del superespai.

Després d'explicar-vos succintament com he vist que evolucionava l'univers, passaré a explicar-vos amb més detall bona part del que he anat veient durant la meva llarga vida, anant de sorpresa en sorpresa. Aquest univers en què ens trobem no ha estat sempre igual, ha anat canviant constantment la seva mida, ja que s'ha estat expansionant. També ha estat variant constantment en la distribució de tot allò que conté, que és únicament el que s'anomena **energia. Els savis de la física admeten com a principi universal que aquesta no es crea ni es destrueix, però que s'està transformant constantment.**

Em centraré primer en aquest univers que tots coneixeu del qual, malgrat les limitacions que teniu com a humans normals, heu pogut arribar a un coneixement que, en general, quadra molt bé amb el que jo he comprovat.

Em sorprèn d'entrada que hàgiu pogut calcular **l'edat** i la **mida** del vostre univers. Quan parleu d'univers observable us referiu únicament a la part que podeu veure. Tots estem considerant que aquest és un espai puntual o conjunt de punts. Per tant, **s'ha de poder observar des de qualsevol dels seus punts, cosa que significa diferents observadors**. El que m'han explicat els savis matemàtics és que això vol dir realment diferents **sistemes de referència**. Als meus viatges a les galàxies he contemplat l'univers des de tots ells. Atès que l'existència de l'univers és una realitat, aquest ha de ser el mateix independentment d'on estigui situat l'observador o, cosa que és el mateix, des de qualsevol sistema de referència. Com a observadors, vosaltres només ho heu vist des d'un punt concret del mateix que és la Terra.

Diversos savis que m'han explicat alguns dels seus experiments per conèixer esdeveniments llunyans a l'espai-temps, s'han basat fonamentalment en l'estudi i l'anàlisi de llum que reben procedent d'objectes còsmics que, al seu moment, tal com fan constantment tots ells, van emetre partícules lluminoses.

Al meu entendre, un dels més importants realitzats és, sens dubte, el que va descobrir l'astrònom nord-americà **Edwin Hubble** a la dècada dels anys vint del segle passat, que li va permetre arribar a la conclusió que l'univers no és estàtic, sinó que és un **univers en constant expansió**. Fins al moment en què Hubble va descobrir això, fins i tot el mateix Albert Einstein, a qui conec bé, em va explicar que malgrat que les seves teories demostraven el contrari, no s'havia atrevit a anar en contra del consens general de la comunitat científica que creia a un univers estàtic.

L'any 1931, em vaig desplaçar fins a Califòrnia i vaig parlar amb el senyor **Edwin Hubble** a l'observatori Mont Wilson, que és on ell treballava, a prop de Pasadena.

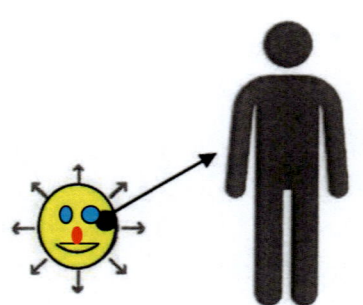

Edwin Hubble

18. Viquipèdia D.P. Domini públic. Creat l'1 de gener de 1931. Retrat de Edwin Powell Hubble. Fotògraf: Johan Hagemeyer. Fotografia signada pel fotògraf, en 1931. http://hdl.huntington.org/cdm/ref/collection/p15150coll2/id/129.

Hubble era un home amb alta estima de si mateix que feia semblar que tot el que es proposava es veiés fàcil. Abans de parlar-me sobre els seus treballs científics, em va confessar que de jove la seva veritable passió havia estat l'esport i que havia practicat l'atletisme, el bàsquet i, sobretot, la boxa. Tant és així, que al seu dia va ser recomanat per ser professional i enfrontar-se al llavors campió del món de pesos pesants, Jack Johnson.

Ja entrant en allò que a mi més m'interessava, em va detallar com havia verificat, experimentalment, el fet que l'univers s'expandeix i que la velocitat **v** d'expansió a cada punt, és proporcional a la seva distància **D** a la Terra, fet que va expressar a la següent fórmula,

v = H₀ • D (llei de Hubble)

Per efecte de l'expansió de l'univers, totes les galàxies s'estan allunyant constantment de nosaltres, i a més velocitat com més lluny es troben.

A la fórmula, **H₀** és la constant de proporcionalitat que relaciona la velocitat d'expansió amb la distància i que, en honor al mateix descobridor de la llei, l'han anomenat més tard **paràmetre de Hubble**. Precisament, aplicant aquesta llei d'expansió al radi de l'univers i rebobinant enrere el temps còsmic, els savis han arribat a la **teoria del *Big Bang*,** mitjançant la qual intenten explicar l'evolució del radi de l'univers des d'un moment llunyà en què aquest seria un simple punt al cosmos, fins a arribar a la seva mida actual. Em va impressionar molt el fet que, sense haver vist res, els savis albiressin el que jo ja havia contemplat. Per tenir una primera idea de l'edat de l'univers, van pensar en una cosa que he observat i que, no sent del tot real, és força aproximada. Es tracta que, a partir d'un instant determinat, l'expansió s'ha fet a una velocitat gairebé constant.

Em fan molta gràcia els càlculs que van fer. Consideren que, si **t$_C$** és el temps còsmic del moment actual igual a l'edat de l'univers, **R** és el radi actual de l'univers i **v$_e$** la velocitat d'expansió esmentada, el punt més llunyà de l'univers ha recorregut per efecte de l'expansió una distància **R** en un temps **t$_C$**. Així, la velocitat mitjana d'expansió en aquest punt és la distància **R** que ha recorregut, dividit pel temps emprat a recórrer-la; **v$_E$ = R/t$_C$.** Admetent la ja esmentada Llei de Hubble (**v$_E$ = H₀ • R**) i igualant les dues expressions anteriors, van calcular fàcilment una edat de l'univers que coincideix força amb el temps que ha transcorregut des que jo vaig néixer.

Pels que us agraden els números, les fórmules i les equacions, el meu amic l'enginyer que ens acompanya al nostre confinament, us farà entrega de la formulació que em va lliurar

Hubble. D'aquesta es dedueix que l'edat de l'univers o el temps còsmic transcorregut des del Big Bang, ha estat aproximadament la que jo he anat comptant any rere any; uns **13.700 milions d'anys**. Durant tot aquest temps, l'univers s'ha anat expandint a gran velocitat, creixent constantment.

Referent a la mida a què ha arribat actualment, **molts astrònoms han observat objectes còsmics amb massa considerable, situats a una distància aproximada de fins a 33.000 milions d'anys llum**, equivalent a $4{,}4 \cdot 10^{23}$ **km,** que coincideix aproximadament amb la distància a què jo els veig.

Objectes còsmics amb massa

33.000 MAL

Fotons

Atès que la velocitat a què els objectes amb massa es mouen dins de l'univers és menyspreable davant de la velocitat de la llum, això significa que, **únicament per efecte de l'expansió, ha arribat a tenir com a mínim aquest radi de 33.000 milions d'anys llum (33.000 MAL).** Tot i això, els meus companys fotons reals, com que no tenen massa, viatgen dins de l'univers a la velocitat de la llum que és **d'1 MAL / MA.** Per tant, al llarg d'aquests 13.700 milions d'anys, molts han recorregut una distància de **13.700 MAL** i així, han pogut arribar fins a una distància de **46.700 MAL.** És a dir, a **13.700 milions d'anys llum addicionals** a la distància a què han pogut arribar les partícules materials per efectes de l'expansió.

Alguns han pensat que tot això podria suposar que molts objectes còsmics han viatjat a velocitat superior a la de la llum, que és la màxima velocitat possible a l'univers. Això no és així; jo he vist que l'expansió de l'univers el que fa és simplement anar creant espai entre les galàxies i això no és, doncs, una velocitat dins l'univers, sinó simplement el fet que l'univers s'expandeix.

En els raonaments anteriors, també a molts els ha semblat estranya la suposició que la Terra sigui el centre de l'univers, el lloc on va passar el **Big Bang** fa 13.700 milions d'anys. Jo sé que això tampoc no és així, ja que, al **Big Bang**, tot el que és ara aquest univers observable estava, tal com jo vaig poder veure, reduït a un punt imaginari al cosmos. Per això jo sé que el Big Bang es va produir en aquell instant a tots els punts actuals de l'univers alhora. Per tant, el fenomen de l'expansió no ha consistit en una altra cosa que en l'allunyament constant de tots aquests punts els uns dels altres.

Aquest fenomen de l'expansió còsmica, molts ho han aconseguit entendre molt bé mitjançant allò que anomenen el **símil del globus**. Imagineu un hipotètic univers només de dues dimensions com la superfície d'un globus que s'està inflant. A partir d'una geometria inicial en el moment del Big Bang, moment en què el globus seria un punt o una superfície esfèrica infinitesimal, la superfície del globus s'estaria expandint, adoptant superfícies esfèriques cada vegada de més radi a mesura que aniria passant el temps còsmic.

Aquesta superfície no té cap centre definit dins d'ella mateixa i, així mateix, qualsevol dels seus punts es pot prendre com a sistema de referència, i considerar l'allunyament dels altres punts respecte a aquest durant la totalitat del temps còsmic.

Al Big Bang, tots els punts P de l'univers es trobaven concentrats en un punt imaginari del cosmos. Ara ocupen tot l'univers. Per això, un punt qualsevol pres com a sistema de referència durant tot el temps còsmic, es veu al centre.

3. Com vaig descobrir els forats negres i vaig poder conèixer l'existència d'altres universos

Quan jo ja tenia més de 1.000 milions d'anys, em vaig anar fixant en els objectes còsmics que ara anomeneu **forats negres**. Vaig tenir ocasió d'anar a un d'ells i, a través d'ell, vaig descobrir l'existència de molts altres universos.

Aleshores la Terra encara no existia, però jo vaig estar sempre vivint a prop del punt en què es va formar fa poc més de 4.000 milions d'anys. Em vaig decidir a visitar un forat negre que és el que encara existeix ara a una distància de només **26.000 anys llum de la Terra** i que es troba més o menys al centre de la galàxia que els astrònoms anomenen **Via Làctia**. Quan m'hi vaig anar acostant, vaig notar amb sorpresa que el forat m'estirava amb una gran força i m'absorbia cap al seu interior. Se m'estava empassant amb gran voracitat; a més, no només a mi, també a estrelles i a tot allò que es trobava al seu voltant.

Sagitari A

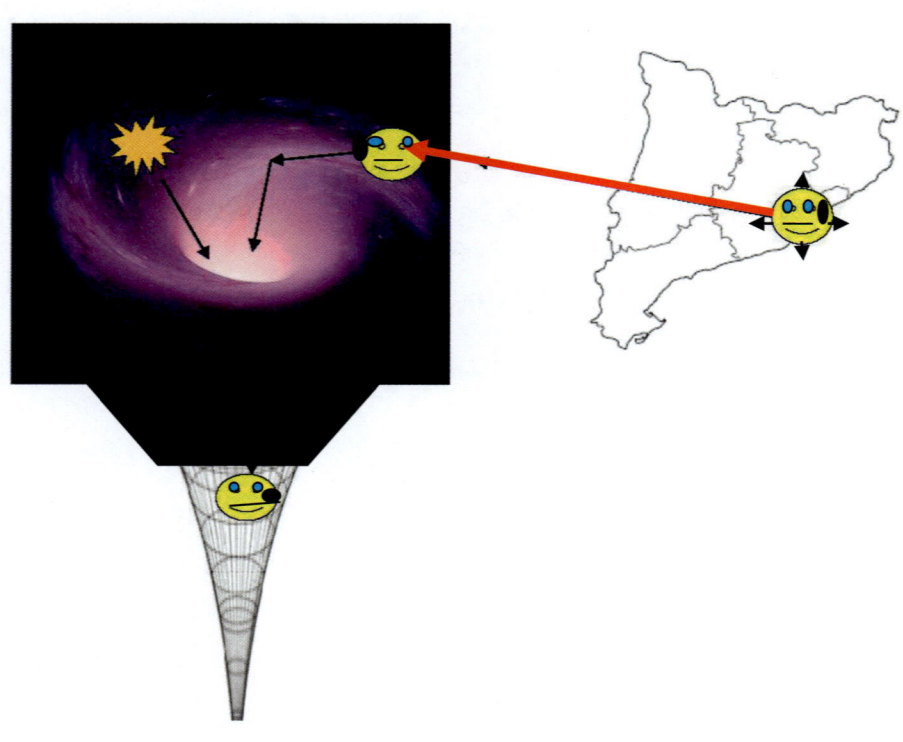

Aquest ha estat el moment més emocionant de la meva vida. Quan vaig arribar al punt que ara es diu **horitzó del forat negre**, mirant cap amunt, no era capaç de veure res, ja que ni tan sols la llum podia sortir; ni tan sols els fotons normals que viatgen a la velocitat de la llum. Precisament per això els humans normals els anomenen forats negres, perquè com que no emeten llum, no els poden veure. Aleshores vaig contemplar que tot el que absorbia el forat s'anava estirant ràpidament. Això és el que li passava a un alienígena procedent d'un planeta proper dels molts que hi ha habitats, que, vestit d'astronauta i passejant a prop del forat negre, va tenir la mala sort de caure-hi. El pobre es va anar estirant tant que es va convertir en una mena d'espagueti i, quan jo ja no en veia més que una línia, va acabar per desaparèixer.

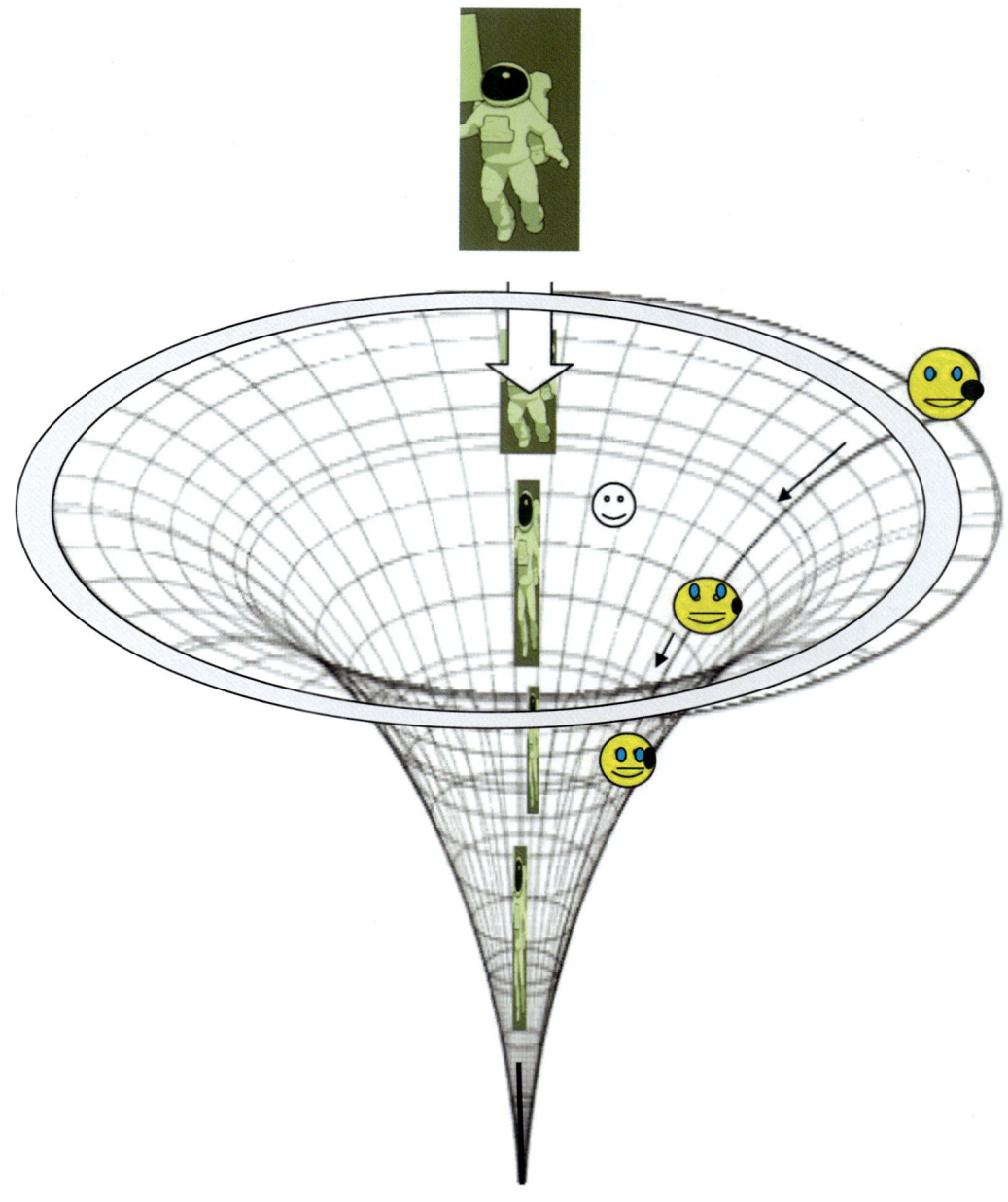

Segons vaig anar avançant tot es destruïa, però en ser jo indestructible vaig aconseguir arribar al centre del forat negre. En aquest moment, no em trobava al nostre univers, sinó que m'havia submergit en un superespai on ni tan sols existien ni l'espai ni el temps. Com que és diferent del que vosaltres els normals coneixeu, ara alguns savis en diuen la **singularitat**. A aquesta, moltes de les propietats i característiques de coses que coneixem deixen d'existir. En cas contrari prendrien un valor infinit, i jo, que ho puc veure tot, sé molt bé que res no és infinit. Ara sé que el valor infinit és un concepte que només existeix a l'àmbit abstracte de les matemàtiques.

Quan vaig arribar al centre del forat negre, em vaig quedar totalment al·lucinat, vaig veure els camins que ara alguns savis anomenen **forats de cuc** i els representen segons aquesta imatge.

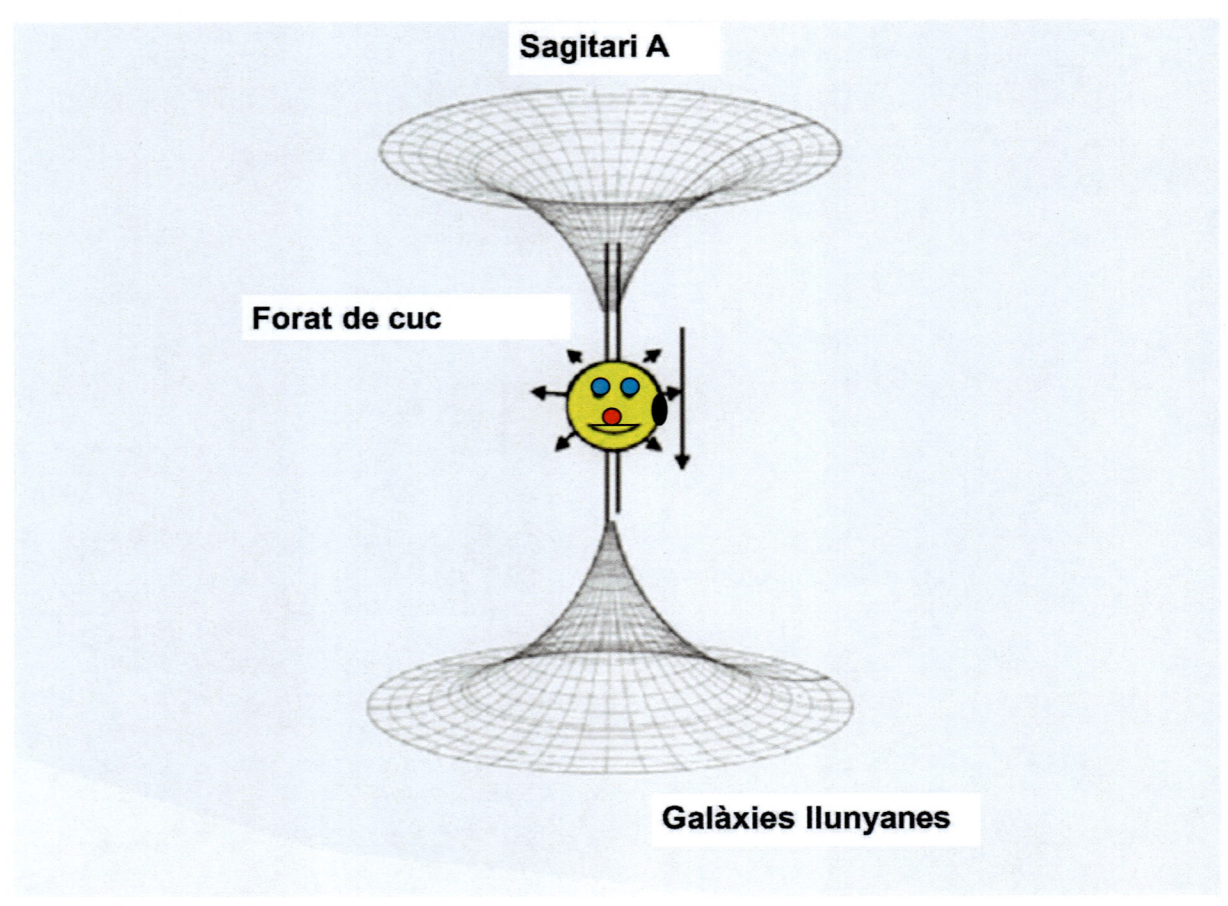

Sagitari A

Forat de cuc

Galàxies llunyanes

Altres universos

19. Pixabay D. P.

Com que en aquell lloc el temps no transcorria, em podia desplaçar instantàniament a través d'ells. Aviat em vaig adonar que així podia arribar al centre de tots els forats negres que hi ha i, després de travessar-los en sentit invers, accedir a totes les galàxies.

Però no va ser aquesta la meva sorpresa més gran; el més emocionant va consistir a conèixer molts altres universos, ja que tots ells es trobaven connectats a la singularitat. Així és com he conegut i visitat el que mai no heu vist; el que alguns anomenen el **multivers**. D'entrada mai no vaig entendre res del que vaig observar. Ara ja ho entenc una mica perquè m'ho va explicar ni més ni menys que el meu amic Albert Einstein.

La seva teoria de la relativitat general demostra que el concepte de temps és relatiu, de manera que, entre altres coses, s'alenteix quan s'entra en un camp gravitatori.

Al moment del Big Bang, tota la massa de l'univers concentrada en un punt havia de produir un camp gravitatori de tal intensitat que el temps estava aturat. En realitat es trobava indeterminat de manera que es pot pensar que no existia - temps imaginari -.

Actualment, molts savis normals, basant-se en el **principi universal de no unicitat d'esdeveniments,** el qual diu que qualsevol cosa que passa ha passat moltes altres vegades, han arribat a imaginar-se que en aquest temps imaginari s'havien de formar molts universos semblants al nostre o completament diferents. Són els que avui dia alguns savis anomenen els universos paral·lels integrants del **multivers.** La veritat és que ho imaginen molt bé, doncs, tal com ja us he comentat, aquests universos es troben convivint de manera totalment independent, sense existir cap connexió real entre ells i nosaltres. Estan connectats únicament als punts del superespai on van esdevenir els diferents *"Big Bang"* que van motivar la seva generació.

A la teoria general de la relativitat, Einstein sosté que aquests punts pertanyen a una **singularitat.** Són punts en què molts paràmetres propis tendeixen a l'infinit i no hi ha ni espai ni temps; l'espai perquè s'ha contret fins a desaparèixer, i el temps pel fet que ha transcorregut cada cop més a poc a poc fins a aturar-se.

Així doncs, a la singularitat es troben connectats tots els universos paral·lels que existeixen i tots els forats negres del nostre univers observable. Per aquest motiu, em són molt útils per arribar a qualsevol galàxia. Només em cal acostar-me al forat negre més proper i, després de deixar-me arrossegar, seguir instantàniament les dreceres que constitueixen els **forats de cuc**, que al moment em condueixen a qualsevol galàxia i fins i tot als altres universos.

El forat negre pel qual acostumo a entrar quan vull visitar galàxies distants, ara és conegut pels savis astrònoms. En diuen **Sagitari A*** i és, tal com us he dit, el forat negre del centre de la nostra galàxia, que és a uns **26.000 anys llum de distància**. No és l'únic de la nostra galàxia, ja que n'hi ha fins i tot un altre de molt més proper que es troba en un sistema estel·lar situat a tan sols 1.000 anys llum de la Terra a la constel·lació Telescopium.

Més tard, he comprovat, moltes vegades, que gairebé totes les galàxies contenen almenys un forat negre; molts d'una mida exorbitant.

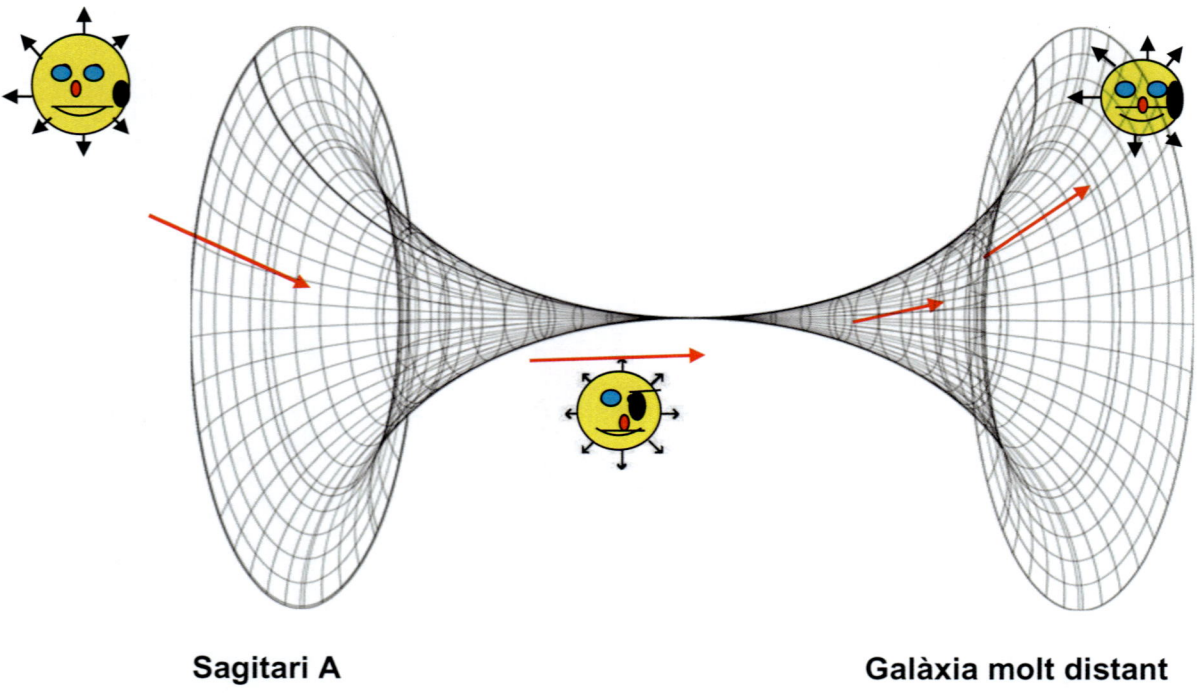

Sagitari A   **Galàxia molt distant**

Cosmet viatjant a una galàxia molt distant després de deixar-se arrossegar per Sagitari A

El fet que hi hagi tants universos i que altres s'estiguin creant constantment podria ser una explicació de la mateixa existència del nostre. Als humans normals us sembla una cosa insòlita que existeixi. Efectivament, això ha requerit que molts paràmetres o constants universals tinguin un determinat i molt precís valor, de manera que una lleu desviació d'aquest en qualsevol d'ells hauria fet impossible la seva existència.

El que va passar és el que els savis han anomenat un **ajust fi** de tots els paràmetres, de manera que, si no fos perquè veieu que existim, us semblaria impossible.

Una justificació de l'existència del nostre univers podria ser, doncs, que en una quantitat exorbitant de punts del cosmos s'haguessin produït i s'estiguin donant fenòmens semblants al *Big Bang*, amb infinitat de paràmetres com els que coneixem i d'altres que no. Atesa l'ínfima probabilitat de produir-se l'ajustament fi, el nostre univers existeix únicament pel fet d'haver-se'n generat un nombre desmesurat. La immensa majoria d'aquests universos han desaparegut al mateix moment de la seva aparició. No obstant això, n'hi ha una minúscula proporció, un dels quals és el nostre

En els meus viatges a galàxies llunyanes, a través dels forats negres, he descobert també molts éssers extraterrestres. Ja us he relatat com en el meu primer viatge per un d'aquests forats, em vaig topar amb un ésser extraterrestre semblant a nosaltres, procedent d'un planeta proper. Anava vestit d'astronauta i passejant a prop del forat negre, el pobre va tenir la mala sort de ser engolit per ell. Vaig saber llavors que existien éssers extraterrestres.

En els viatges per l'univers que he fet a partir d'aquell instant, he tingut ocasió de visitar unes 10.000.000.000.000.000.000.000.000.000 d'estrelles. Igual que el nostre Sol, la major part tenien planetes orbitant al seu voltant, fins i tot n'he vist molts que tenien aigua i una temperatura adequada per a l'existència de vida.

Allà, vaig comprovar que en alguns hi havia éssers vius de tota mena, gairebé sempre molt diferents dels que existeixen o han existit a la Terra. En canvi, altres sí que tenien certa semblança amb alguns d'aquests.

Vaig poder observar també que alguns s'assemblaven una mica als animals normals d'aquí i en vaig arribar a conèixer alguns molt intel·ligents, fins i tot un de semblant als gossos.

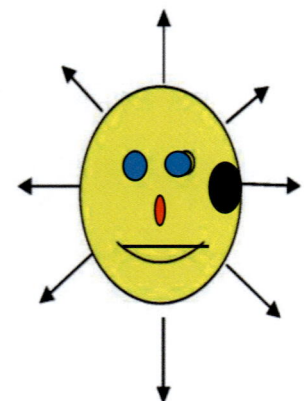

.

20. Imatges de Pixabay / Àlbum.

Tampoc és que els hagi conegut massa bé, ja que em va ser impossible comunicar-m'hi. Lògicament, no parlaven cap dels idiomes de la Terra i, per altra banda, en cap moment no vaig deixar la meva forma de partícula quàntica. Aquí hi ha molts humans normals que creuen que hi ha alienígenes. Fins i tot alguns han imaginat com han de ser i els han recreat en curiosos maniquins que exhibeixen a museus com, per exemple, l'anomenat Museu Roswell que es troba a Nou Mèxic, on he estat recentment.

També molts humans normals no creuen ni tan sols en la seva existència. De fet, no n'heu trobat cap, ja que en els sistemes planetaris de les estrelles que es troben per aquí a prop no n'hi ha cap d'habitable. Els que creieu en la seva existència teniu raó. Si a l'únic sistema planetari que coneixeu bé ja existeix almenys un planeta amb vida intel·ligent, com no existirà en algun dels altres molts milions de planetes?

El que sí que és cert és que no són a prop nostre. L'univers n'és ple i es troben a gairebé totes les galàxies, però els més propers que jo he visitat a la nostra pròpia galàxia es localitzen a més de 10.000 anys llum. Sé que alguns de vosaltres heu albirat el que us han semblat objectes volants procedents d'altres planetes i que, a més, teniu molta por que algun dia els alienígenes envaeixin la Terra.

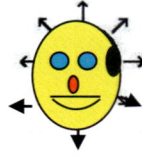

Si us plau, no tingueu por; podeu estar tranquils.

Tots sabeu que res, que no sigui jo mateix, pot viatjar a una velocitat més gran que la de la llum, que és de 300.000 km/seg. , equivalent a un any llum per any. Això vol dir que els nostres homòlegs alienígenes més propers trigarien molt més de 10.000 anys a arribar.

A més, si viatgessin a aquesta velocitat, serien partícules sense massa com els fotons i poc mal us podrien ocasionar. En el cas de tractar-se d'éssers extraterrestres amb massa igual a la nostra, trigarien molts milers de milions d'anys a presentar-se aquí.

Les notes que vaig anar prenent a les meves trobades amb els savis (en vermell), amb els comentaris del nostre amic (blau)

Els savis expliquen a Cosmet com calculen l'edat de l'univers

Sigui t_c el temps còsmic del moment actual igual a l'edat de l'univers, R el radi actual de l'univers i V_E la velocitat d'expansió. El punt més llunyà de l'univers ha recorregut per efecte de l'expansió una distància R en un temps t_c i es compleix de manera molt aproximada que $V_E = R / t_c$.

D'altra banda, segons la llei de Hubble, $v_E = H_0 R$, igualant les dues expressions anteriors resulta una edat de l'univers que coincideix força bé amb el temps que ha transcorregut des que Cosmet va néixer.

$$v_E = R / t_c = H_0 R \ (\text{Llei de Hubble}), \text{implica que } 1 / t_c = H_0$$

d'on resulta, $t_c \approx 1 / H_0$

Donant valors, per a $H_0 = 21,7 \ (\text{km} / \text{s}) / \text{MAL} = 21,7 \ (\text{km} / \text{s} \cdot \text{MAL.})$, resulta,

$$t_C \approx 1/H_0 = (1/21,7) \ (\text{s} \cdot \text{MAL/km})$$

Tenint en compte que $1 \ \text{MAL.} = 9,45 \cdot 10^{18} \ \text{km}$ i que $1 \ \text{MA.} = 3,13 \cdot 10^{13}$ segons, es dedueix que l'edat de l'univers o el temps còsmic transcorregut des del Big Bang, ha estat aproximadament la que Cosmet ha anat comptant any darrere any; tretze mil set-cents milions d'anys.

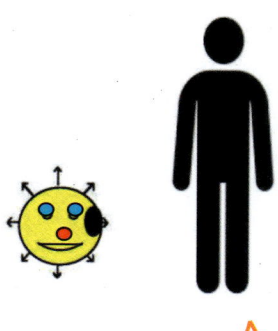

Bé, ja hem acabat el nostre primer dia de confinament

a les muntanyes.

Moltes gràcies a tots per la vostra atenció.

Aplaudiments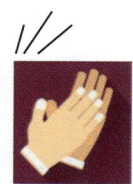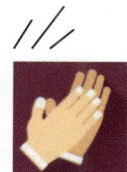

No, no, jo no em mereixo cap aplaudiment, ja que m'estic limitant a exposar-vos el que he vist i el que els savis m'han explicat. A ells els remeto els vostres aplaudiments perquè són els que realment ho mereixen.

LES AVENTURES DE COSMET EXPLICADES PER ELL MATEIX

ELS MEUS PRIMERS TRES MINUTS DE VIDA. POC MÉS TARD VAIG COMENÇAR A VEURE ESTRELLES DE TOTA MENA

Segon dia de confinament

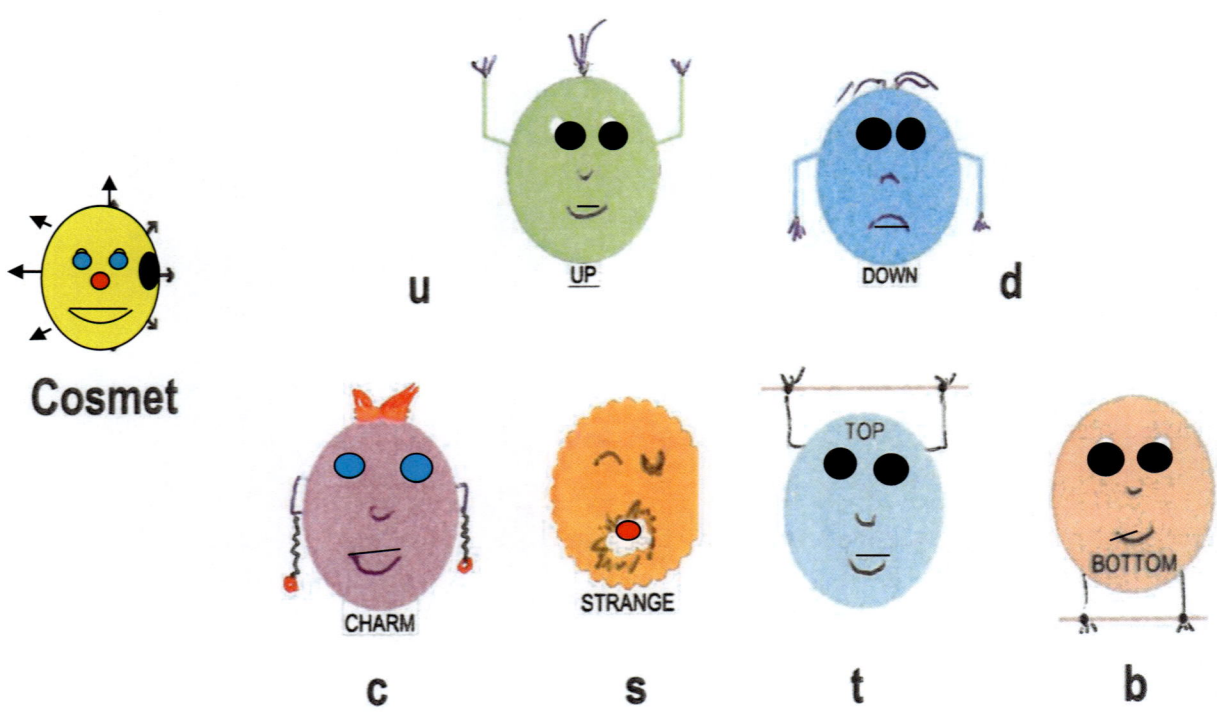

OBRA DE DIVULGACIÓ PER CONÈIXER L'UNIVERS A PARTIR D'UN GRAN VIATGE PER LA HISTÒRIA DEL PENSAMENT CIENTÍFIC

LES AVENTURES DE COSMET EXPLICADES PER ELL MATEIX

ELS MEUS PRIMERS TRES MINUTS DE VIDA

Segon dia de confinament

4. El moment en què vaig néixer com a partícula quàntica i, com gairebé al mateix instant, vaig veure que anaven naixent les partícules elementals.

5. Els meus primers tres minuts de vida, i com vaig veure que es formaven els protons, els neutrons i els nuclis atòmics.

Cosmet explicant als seus companys de confinament com va veure que començaven a aparèixer les partícules elementals

4. El moment en què vaig néixer com a partícula quàntica i com, gairebé al mateix instant, vaig veure que anaven naixent les partícules elementals

Just quan acabava de néixer em vaig trobar immers dins una gran explosió, la que ara anomenen el *Big Bang*. Durant els primers instants de la meva vida, en un ínfim lapse de temps, que gràcies a les meves facultats vaig poder mesurar en uns **0,00001 segons**, vaig veure, tal com us he dit, que l'univers creixia sobtadament d'una manera exorbitant fins a convertir-se en una esfera de radi igual a aproximadament **10.000 milions de quilòmetres.**

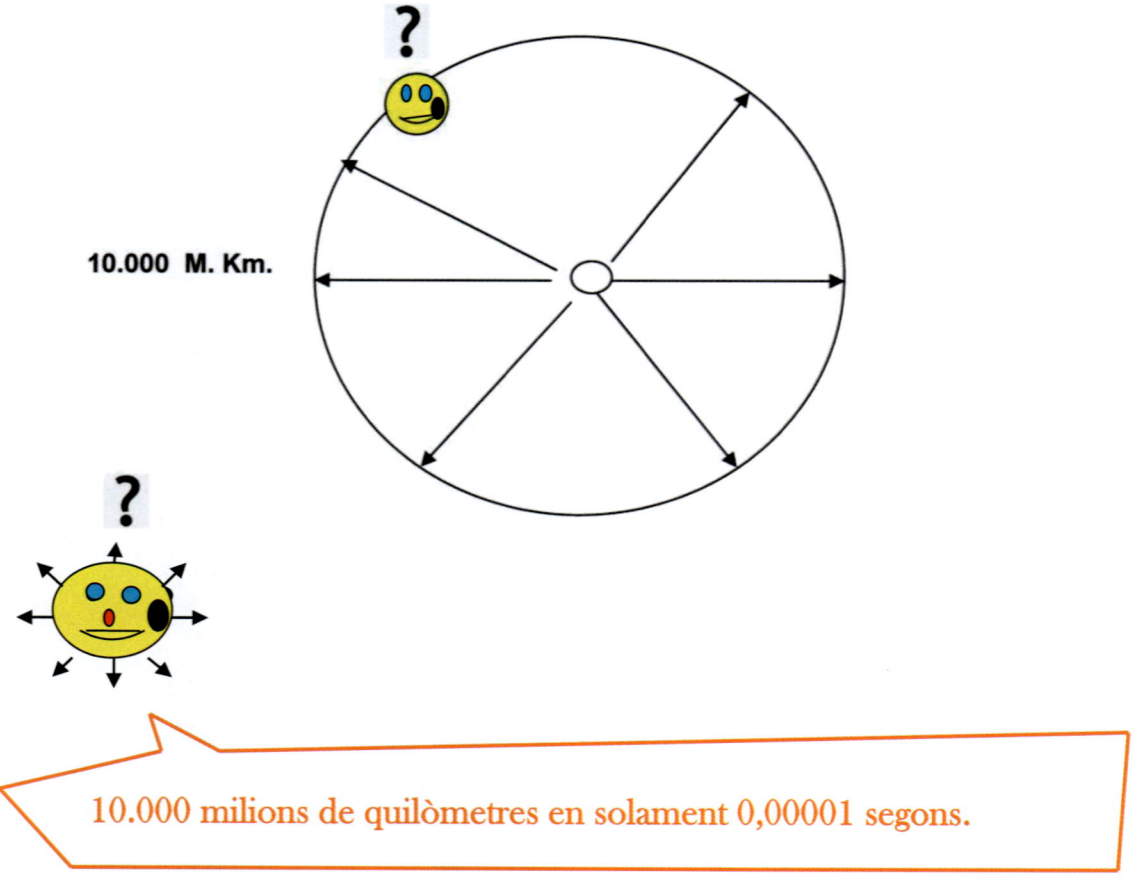

10.000 M. Km.

10.000 milions de quilòmetres en solament 0,00001 segons.

Perquè us feu una idea d'aquesta magnitud, és més de sis-centes vegades la distància de la Terra al Sol que els astrònoms anomenen una **unitat astronòmica**. Sé que us deu semblar increïble, però jo us ho puc assegurar, ho vaig contemplar. Aquesta mena d'explosió que ara s'anomena la gran inflació inicial, va durar només un moment; concretament, el que ara serien uns **0,00001 segons**. Usant les meves facultats extraordinàries, durant aquest temps gairebé instantani, vaig apreciar i experimentar les coses que ara us explicaré. Lògicament, no vaig entendre res de per què passaven aquelles coses. La veritat és que mai no ho he comprès fins fa molt poc temps, quan he xerrat amb savis humans.

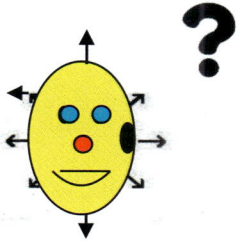

El primer va ser un eminent cosmòleg, **Alan Guth**, que gairebé sense cap base experimental, ja que d'aquells primers moments no en podia tenir, em va explicar el que ell pensava que havia passat. Curiosament, gairebé tot el que em va dir s'assembla força al que realment vaig veure. Més tard vaig visitar el gran físic **Steven Weinberg**, que, més mesurat i amb gran rigor científic, em va detallar les possibles causes d'aquell comportament tan singular de l'univers.

Alan Guth   **Cosmet**   **Steven Weinberg** Viquipèdia DP

21. Alan Guth. Llicència Creative Commons Attribution-Share Alike 3.0 Unported . Autor Betsy Devine.
Steven Weinberg. **Steven Weinberg 1983.jpg - Viquipèdia, l'enciclopèdia lliure.**

Wikimedia Commons de contingut lliure. 31 d'agost de 1983. http://proxy.handle.net/10648/ad2d0fcc-d0b4-102d-bcf8-003048976d84 . Rob Croes per a Anefo. Disponible sota la llicencia Creative Commons. Domini Públic CC0 1.0 Universal.

Aquest primer període de **0,00001 segons**, Alan Guth i alguns altres savis l'han anomenat l'**univers primordial**. Segons va anar transcorrent el temps còsmic en aquest **univers primordial**, ells em van comentar que arribaven a distingir èpoques successives que les han classificat com: època Planck de 0 a 10^{-44} segons, època Gut fins a 10^{-33} segons, època electrofeble fins a 10^{-10} = 0,0000000001 segons i, finalment, l'època quark, que va durar fins que l'univers i jo mateix vam tenir una edat de 0,00001 segons.

Fent memòria, vaig poder recordar que tots aquests moments del temps còsmic coincidien aproximadament amb fets significatius que jo vaig experimentar

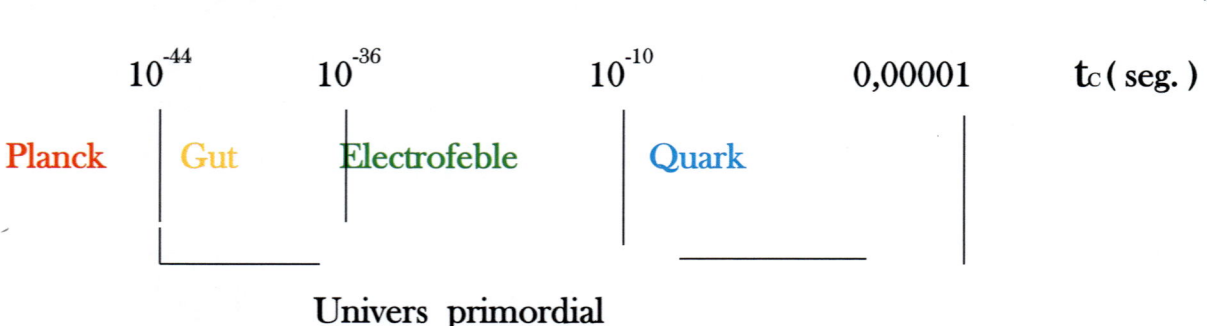

10^{-44} 10^{-36} 10^{-10} 0,00001 t_c (seg.)

Planck   Gut   Electrofeble   Quark

Univers primordial

L'època Planck és com si no hagués existit, ja que pensen que el temps de 10^{-44} segons que s'anomena temps de Planck, és el menor interval de temps que existeix realment i qualsevol més petit correspondria a un temps imaginari. Planck i altres físics han pres aquests 10^{-44} segons com a unitat natural de temps. El que sí que vaig poder veure és que en el temps còsmic $t_c = 10^{-44}$ segons, que va ser quan l'univers i jo mateix vam néixer, ja s'estava generant l'espai-temps i hi van aparèixer les tres dimensions espacials que coneixem. Va néixer la **geometria**.

El primer que vaig veure en néixer va ser, tal com us he comentat, una gran inflació inicial de l'univers durant l'època Gut. Fins al final d'aquesta jo no vaig poder veure partícules ordinàries, només vaig veure **fotons**.

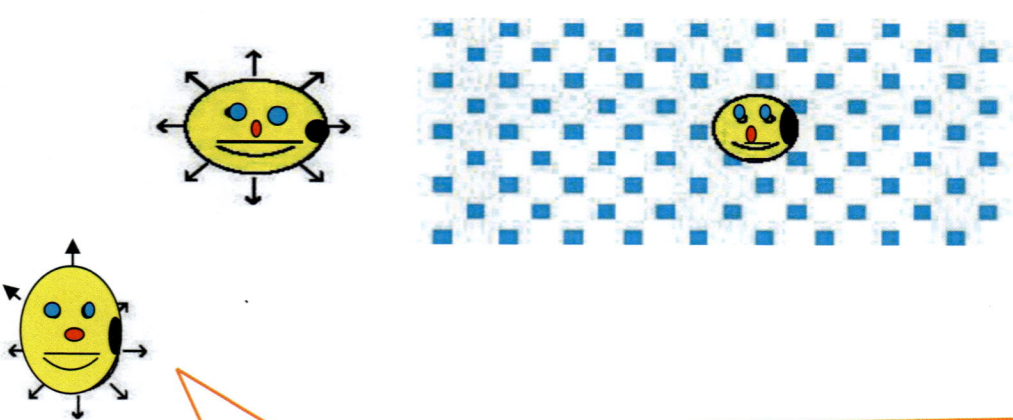

Tots eren com jo mateix, però amb menys energia i amb moltes limitacions. No paraven de moure's i sempre a una velocitat idèntica.

En el primer moment, vaig observar l'univers a l'estat de **buit quàntic**, cosa que significa que no hi havia més partícules reals que els mateixos fotons. No obstant això, ara els savis saben que aquest buit quàntic és ple del que anomenen **partícules virtuals**. Ells pensen que constantment determinats fotons es transformen en parelles compostes de **partícula i antipartícula**, que són idèntiques, però amb energia i altres característiques de signe diferent. Això és precisament el que jo vaig albirar. Efectivament, des del primer moment molts fotons d'energies dispars es convertien momentàniament en aquests parells de **partícules i antipartícules virtuals**, que tenen **energia de signe diferent**. Atès que tot el que existeix és energia, les seves càrregues elèctriques eren també de signe diferent.

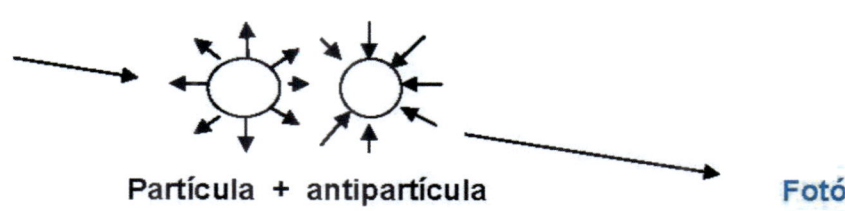

Els savis em van dir que les anomenen partícules virtuals, perquè no arriben a existir de forma real pel fet que, tal com jo vaig veure, immediatament s'autoaniquilaven.

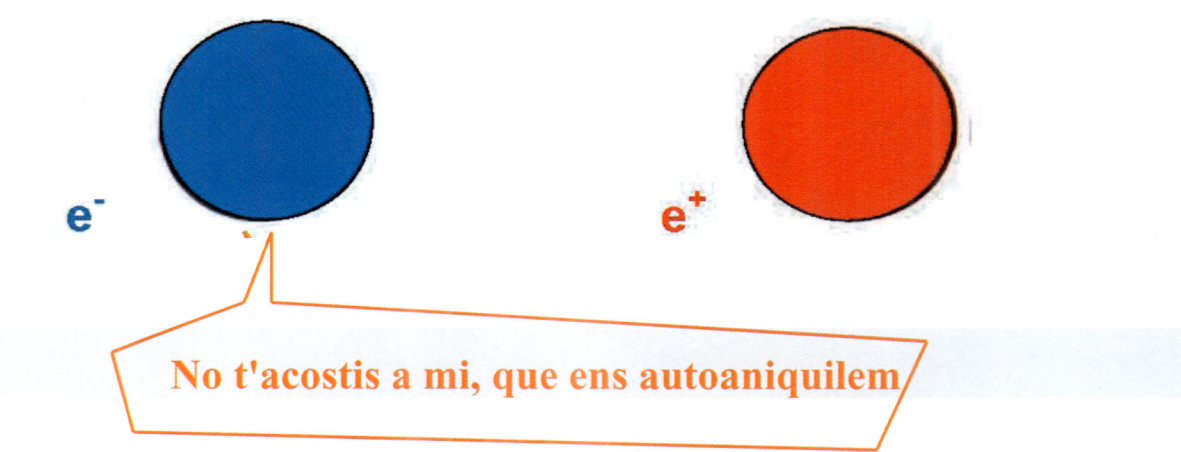

El motiu de tot això és que el temps de vida de les partícules virtuals és inferior als 10^{-44} **segons,** que és el menor període de temps que, segons diuen, existeix de manera real.

Just quan vaig néixer, la calor que feia era exorbitant. Vaig realitzar per primera vegada a la meva vida la meva transformació en termòmetre gegant i vaig prendre la temperatura a l'univers.

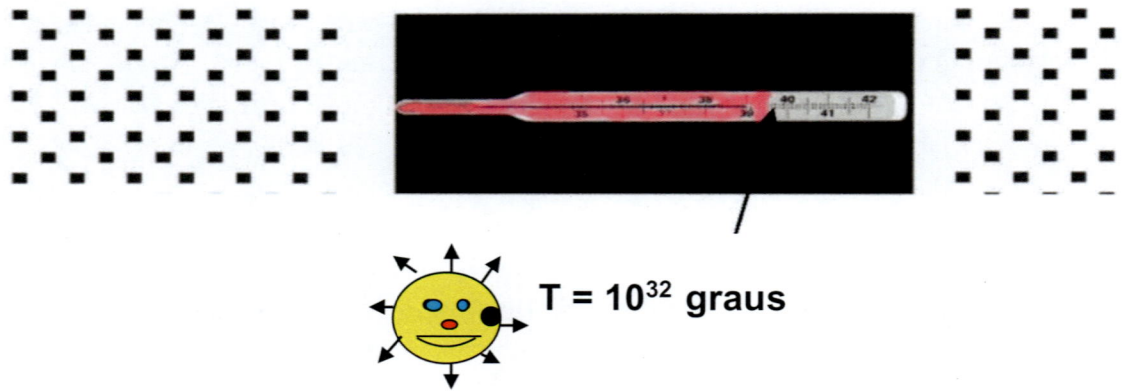

T = 10³² graus

La temperatura va resultar ser ni més ni menys que de 10^{32} **graus**, que són:

1.000.000.000. .... 000.000 **graus.**

32 zeros

Tot i això, segons va anar avançant la gran inflació, vaig continuar prenent temperatures i vaig notar que anaven baixant ràpidament. Cada vegada la temperatura era menor i al termòmetre m'apareixia la xifra amb menys zeros.

Ara detallaré el que jo vaig observar en cadascuna de les èpoques en què els savis divideixen aquest primer període que anomenen **univers primordial.**

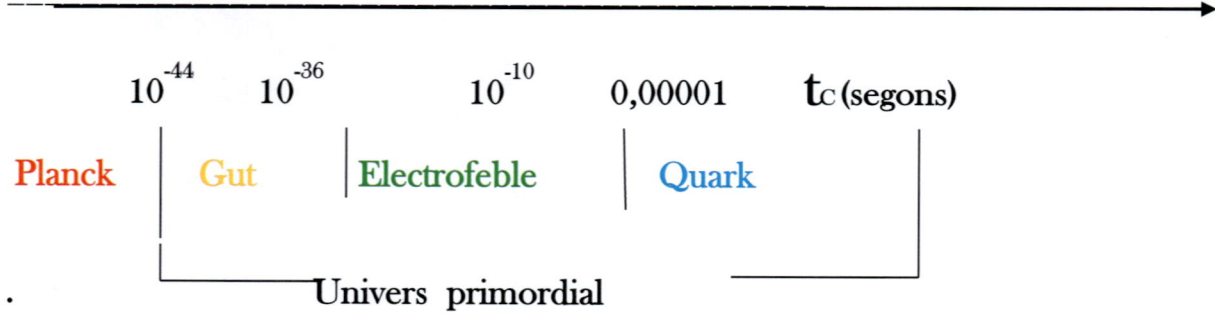

Època Gut

Ja us he dit que la calor era asfixiant i que, quan vaig fer la meva transformació en termòmetre gegant per primera vegada a la meva vida i vaig prendre la temperatura de l'univers, aquesta era ni més ni menys que de 10^{32} **graus.**

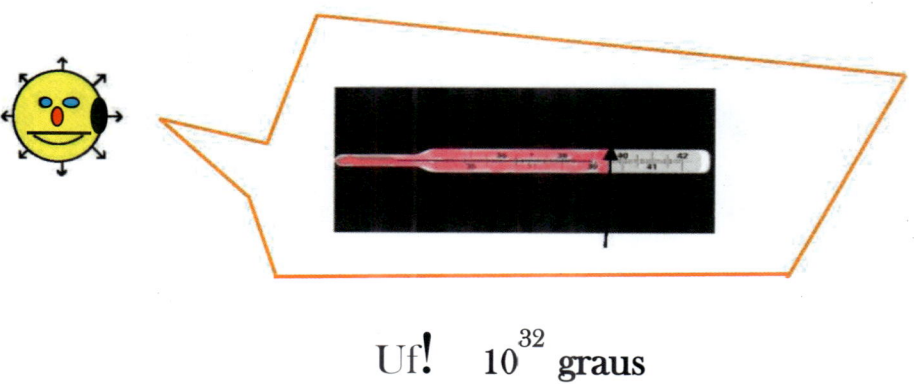

Uf! 10^{32} graus

No obstant això, a mesura que va anar avançant la gran inflació, en successives preses de temperatura vaig notar que baixava ràpidament. Ho ha continuat fent, sense parar, durant tot el temps còsmic fins a l'actualitat. **Ara és de només 2,72 graus.**

Ja fa uns anys que un físic anomenat **Rudolf Clausius** i alguns altres, em van explicar que en un sistema de partícules la temperatura és equivalent a la mitjana d'energia d'aquestes, per la qual cosa moltes vegades expressen l'energia com a temperatura equivalent. Una de les unitats en què mesuren l'energia, el **megaelectronvolt (MeV),** és equivalent aproximadament a 10^{10} **graus Kelvin.**

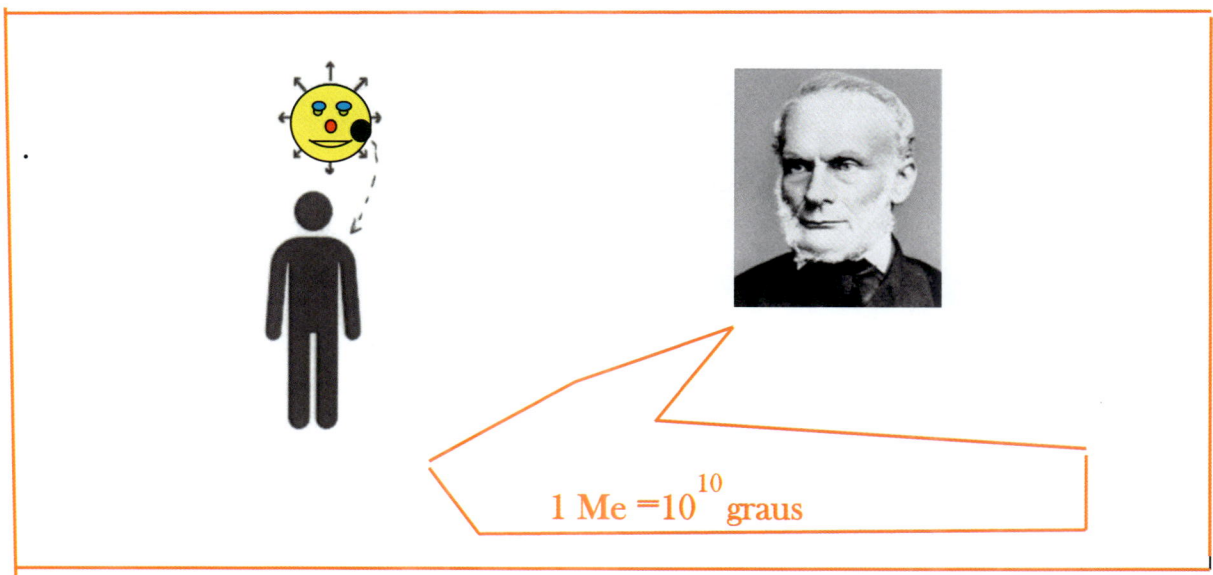

1 Me $=10^{10}$ graus

22. Rudolf Clausius (Imatge de Viquipèdia D.P.). Domini públic. http://www.history.mcs.st-andrews.ac.uk/history/Posters2/Clausius.html. Autor desconegut. 24 d'agost de 1888.

Utilitzant aquestes unitats, vaig veure que als 10^{-33} **segons**, l'energia - temperatura de l'univers era mil vegades menor. **Va passar en aquest període tan curt des dels 10^{32} graus als 10^{29} .** A l'inici d'aquesta època Gut, **tc** $= 10^{-44}$ **segons, es van originar tant l'espai com el temps**, de manera que a l'univers van aparèixer les tres dimensions espacials que coneixeu. Em vaig trobar molt sol, ja que exclusivament hi havia fotons, però ja us he esmentat que immediatament vaig poder entreveure com apareixien les partícules virtuals. Constantment, determinats fotons es transformaven en parelles de **partícula i antipartícula**. Per exemple, vaig poder apreciar l'antipartícula d'un quark, que és el que anomenen un **antiquark.**

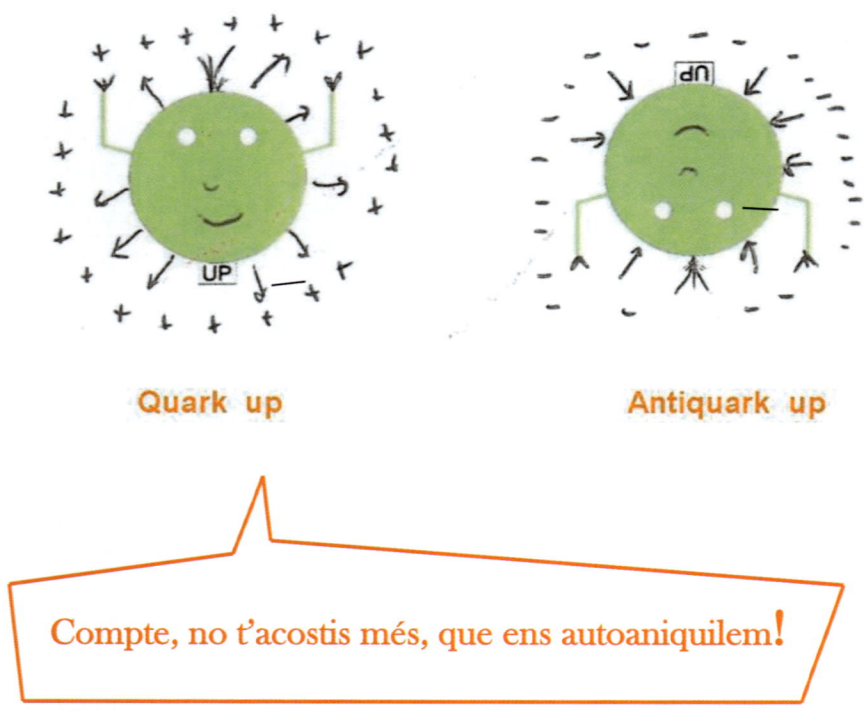

Quark up   Antiquark up

Compte, no t'acostis més, que ens autoaniquilem!

En aquest cas, els savis em van dir que en diuen **partícules virtuals** perquè no arriben a existir de forma real, ja que immediatament s'autoaniquilen. Malgrat això i a conseqüència de l'atzar quàntic, vaig poder veure que una quantitat mínima amb energies molt concretes, aconseguien sobreviure i transformar-se en partícules reals sense massa, viatjant a la velocitat de la llum. Al principi, només vaig observar aquestes partícules sense massa, semblants a mi mateix, però de les normals.

A l'instant em vaig adonar també que tot l'univers era ple d'una mena de gelatina molt espessa, i que aquesta gelatina frenava la velocitat de les partícules. Enmig de la gran inflació, van començar les partícules a adquirir massa.

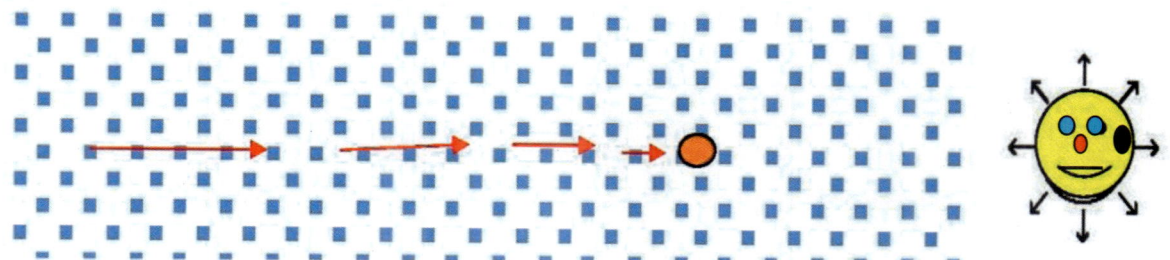

Partícula que va adquirint massa en ser frenada pel camp de Higgs, fins que es para i es converteix en una partícula real.

Mai no vaig entendre tot això fins que un gran físic, **Peter Higgs**, i altres savis, em van relatar com pensen que s'ha format la massa existent a l'univers. Bàsicament, allò que jo vaig prendre per una gelatina espessa, que omplia l'univers, era un camp d'energies que ara anomenen **camp de Higgs**.

Partícules sense massa de molts tipus i, per tant, viatjant a la velocitat de la llum, a causa d'una mena de fricció amb el camp de Higgs, es frenaven i, així, adquirien les seves masses i es convertien en partícules materials.

El que passava és que la part d'energia que perdien per efecte de la frenada esdevenia massa.

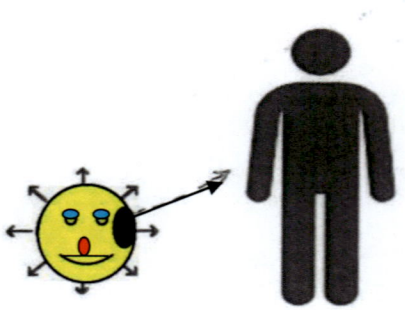

Cosmet

Peter Higgs

File: Nobel Prize 24 2013.jpg. Creat el 7 de desembre de 2013. Conferència de premsa dels Premis Nobel de 2013 a la Reial Acadèmia Sueca de Ciències. Flickr : IMG_7469.

23. Llicència Ceative Commons. Atribució 2.0 Genèrica. CCBY 2.0 Bengt Nyman.

Així i tot, en el primer moment encara no existien partícules materials. Tan sols fotons, i tota l'energia de l'univers que **és** la mateixa que hi ha ara, els savis en diuen **energia radiant o de radiació.**

Usant els meus poders extraordinaris, vaig comptabilitzar els fotons que hi havia en un centímetre cúbic i en vaig determinar la densitat que va resultar ser exorbitant. Només cal que us imagineu tota la massa-energia de l'univers concentrada en un punt. A més, vaig observar grans fluctuacions d'aquesta densitat extrema que, des del principi de la gran inflació, van originar en petites regions de l'espai partícules tan energèticament denses com els objectes que ara s'anomenen **forats negres.** Eren com el que ja us he explicat, com els que faig servir per viatjar per l'univers, encara que de mida microscòpica.

Passats 10^{-35} segons i ja cap al final de l'època Gut, la temperatura i l'energia equivalent eren mil vegades menors.

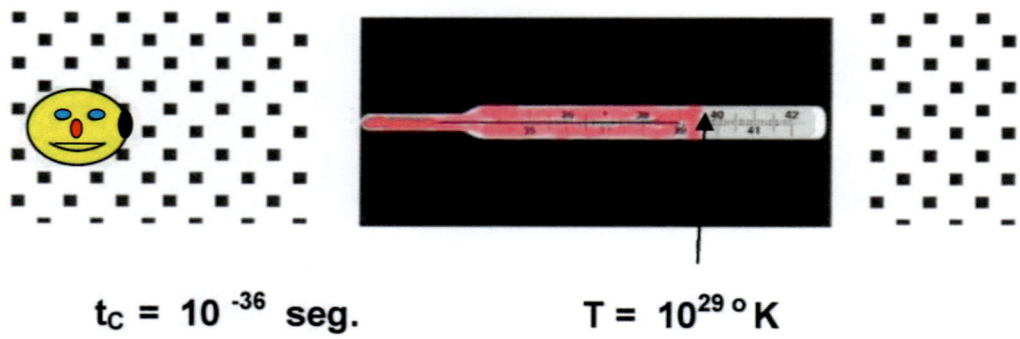

$$t_C = 10^{-36} \text{ seg.} \qquad T = 10^{29} \, ^\circ K$$

Aleshores vaig veure com parelles partícula-antipartícula, sense massa, de fins a aquesta energia, per fricció amb la gelatina espessa del camp de Higgs, es frenaven i adquirien la seva massa.

D'aquestes partícules, a les de més energia actualment inexistents, alguns savis en diuen partícules X perquè les desconeixen. Jo només les vaig veure momentàniament, perquè eren molt inestables i, per tant, d'una vida molt breu. Els savis de la física de les partícules m'han dit que això és degut a la seva gran massa. En la seva desintegració, produïen tota mena de partícules de masses menors; entre elles **electrons**, les seves antipartícules que s'anomenen **positrons**, i també les que ara es coneixen com a **quarks**. Altres que no tenien afinitat amb el Higgs es van quedar sense massa. Eren les partícules que s'anomenen **gluons**.

Partícules X. ⟶ **Electrons i positrons. Quarks i Gluons**

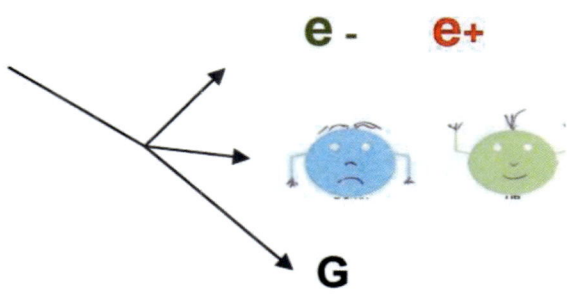

Aleshores ja vaig aprendre que, perquè naixés una partícula d'una determinada massa, calia que els fotons que la generaven tinguessin l'energia equivalent. A aquesta, **Steven Weinberg** l'anomena **energia o temperatura de llindar de la partícula.**

La temperatura de llindar d'una partícula és l'energia mínima que ha de tenir un fotó per poder-la generar.

Efectivament, al cap de poc temps vaig veure que quan la temperatura - energia de l'univers descendia molt per sota de la temperatura llindar de cada partícula, aleshores, aquesta ja no podia generar-se pel fet que els fotons ja no tenien energia suficient.

A més, les partícules existents es tornaven inestables i es descomponien. D'aquesta manera, la majoria d'aquestes partícules van desaparèixer i ja no les hem vist mai més. Així és; segons va anar baixant la temperatura, aquestes partícules de gran energia ja no es van poder generar i les existents, altament inestables, gairebé instantàniament es van desintegrar.

La temperatura de l'univers era tan alta que era superior als llindars de totes les partícules conegudes. A conseqüència d'això, hi havia totes les partícules amb llindar de temperatura inferior a la temperatura de l'univers. Vaig observar que cada tipus de partícula havia adquirit la massa, però la temperatura, conseqüència bàsicament de la seva energia de radiació, era la de l'univers.

Els savis m'han aclarit que aquest fet és perquè l'univers estava en un **equilibri tèrmic** gairebé perfecte. Diuen que un sistema de partícules està en equilibri tèrmic quan totes les parts en què es pot dividir es troben a la mateixa temperatura. En aquesta situació, com que la temperatura de cada partícula era molt superior a l'energia que corresponia a la seva massa, aquesta resultava menyspreable i, per tant, tal com ja us he descrit, la partícula era bàsicament una radiació. Així doncs, l'univers no era més que una varietat de diferents tipus de radiació, un tipus per a cada mena de partícula el llindar de la qual era inferior a la temperatura còsmica del moment.

En arribar el temps còsmic als 10^{-36} segons, això va donar lloc a una cosa semblant al que ara anomenen un **plasma**. Era com una sopa calenta molt espessa de partícules, moltes similars als **quarks i antiquarks**, als **electrons, positrons (m = 0,511 MeV)** i als **gluons**. Totes es trobaven immerses en un mar de fotons, col·lisionant a gran velocitat entre elles i transformant-se constantment les unes en les altres.

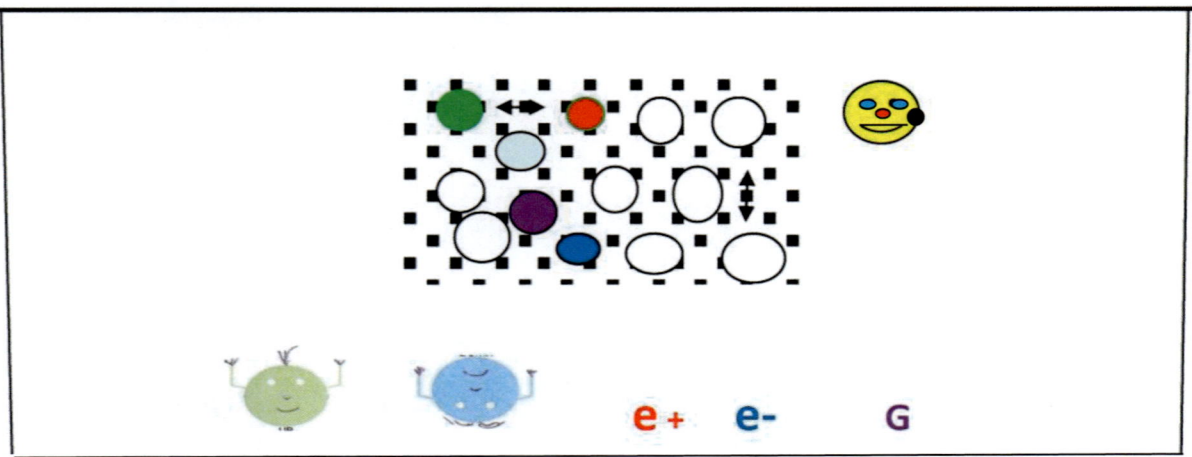

Partícules immerses en un mar de fotons

Gairebé no existia encara la matèria ordinària, ja que les partícules del plasma eren, tal com us he dit, gairebé energia pura. Per això, el conjunt de totes aquestes partícules constituïa allò que s'anomena **matèria Gut indiferenciada**.

Des de l'aparició de les primeres partícules amb massa va sorgir a l'univers la primera de les quatre forces fonamentals que en regeixen el comportament; **les forces gravitatòries, que són forces d'atracció entre partícules màssiques.**

Aquestes tenien també la propietat addicional de la **càrrega elèctrica** que, com sabeu, pot ser de dos tipus: positiva o negativa. Això va donar lloc a l'aparició de les segones forces fonamentals; **les forces electromagnètiques entre partícules**, que tenen la particularitat de ser d'atracció entre les que tenen càrrega de signe diferent i de repulsió en el cas contrari.

Els savis pensen que al primer moment les quatre forces ja existien, però que es trobaven unificades en un estat de **supersimetria** i no actuaven sobre res, ja que no existien partícules materials. Per això consideren l'aparició de la força de la gravetat com el que anomenen un **primer trencament de la simetria inicial**, consistent en la separació de la gravetat, que va començar a actuar quan es van començar a formar partícules amb massa.

Les altres tres forces fonamentals, que són **l'electromagnètica, la forta i la feble**, durant l'època Gut es trobaven encara unificades. Per això la paraula Gut són les inicials de l'anomenada **teoria de la gran unificació inicial**.

Jo mai no vaig entendre per què apareixien aquestes forces a l'univers, fins que els savis em van explicar que és perquè entre partícules se n'intercanvien d'altres, **els bosons**, que són, per tant, els **generadors o portadors de les forces**. Ja us en parlaré.

Època electrofeble. Quan ja vaig tenir 10^{-33} segons d'edat i l'univers era com una petita esfera de només un metre de radi, va acabar l'època Gut i es va iniciar l'època electrofeble. Aquesta **va durar fins que vaig tenir** $10^{-10} = 0,0000000001$ **segons de vida**, instant en què el radi de l'univers havia crescut fins als **deu milions de quilòmetres**.

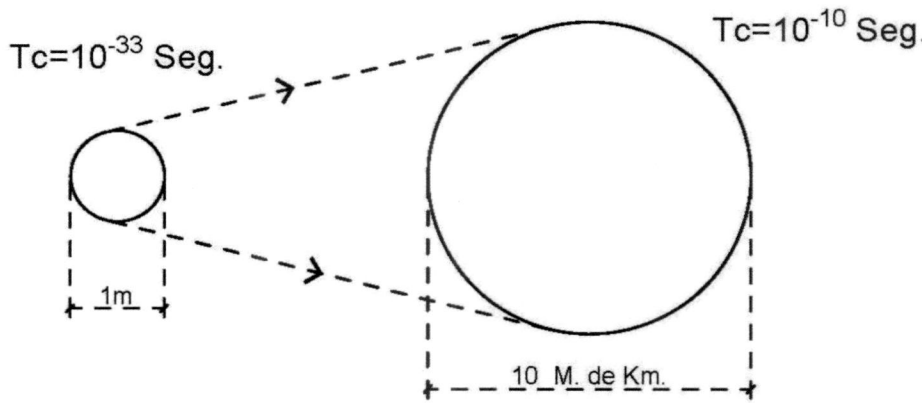

Ja al final de l'època Gut i a l'inici de la següent ($t_C = 10^{-33}$ **segons**)**,** tal com ja us he descrit, l'univers estava poblat de partícules de tota mena, moltes com les **partícules X** de gran massa. Quan va aparèixer aquesta massa, vaig veure amb sorpresa que la gran inflació començava a frenar-se. A partir d'aquí, l'univers va anar creixent molt més lentament, creixement que s'ha mantingut al llarg de tot el temps còsmic fins a arribar al moment actual. Havia acabat la **gran inflació inicial** i començat a un ritme més lent **l'expansió de l'univers**.

L'època electrofeble va transcórrer entre els 10^{-33} i els 10^{-10} segons de l'univers. Continuava fent molta calor, però tot s'anava refredant. Vaig poder comprovar que **la temperatura va anar baixant durant aquest període des dels 10^{29} graus a uns 10^{16}.**

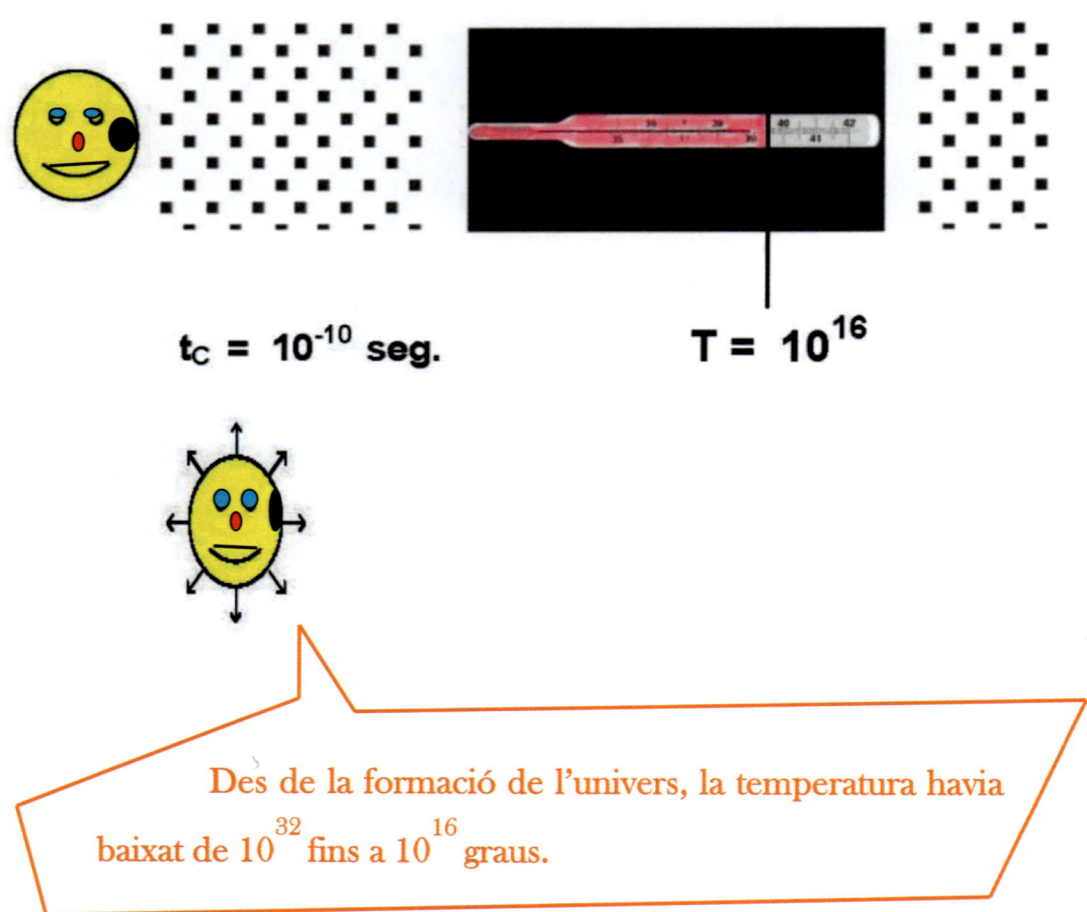

$t_C = 10^{-10}$ seg.

$T = 10^{16}$

Des de la formació de l'univers, la temperatura havia baixat de 10^{32} fins a 10^{16} graus.

L'energia a gran escala dels fotons va passar d'una mica menys de 10^{19} MeV a gairebé 10^{6} MeV.

Aquesta energia és aproximadament la màxima que els investigadors humans han pogut assolir artificialment en uns artefactes anomenats acceleradors de partícules, on intenten recrear com era l'univers primitiu. Per aquest motiu només jo, que ho vaig presenciar, sé com era.

Tal com ja us he dit, era un plasma calent format principalment per quarks, antiquarks, electrons, positrons i gluons. Aquests darrers són els bosons portadors de la força forta. Per això, quan van aparèixer, va tenir lloc la **segona ruptura de la simetria** o la separació d'aquesta força. Existia ja separada la força gravitatòria, però les altres forces, electromagnètica i feble, que un altre dia us explicaré que són, continuaven trobant-se unificades en una de sola.

Aquest fet els savis l'anomenen **simetria electrofeble** i és el que ha motivat el nom donat a l'època. Al final, mirant a gran escala els valors de la temperatura **(T)**, de l'energia **(E)** i del radi **(R)**, vaig veure que eren els següents:

$$t_c = 10^{-10} \text{ segons.} \quad T = 10^{16} \text{ K.}$$

$$E = 860.000 \text{ MeV} \quad R \approx 107 \text{ km.}$$

Poc temps després, quan l'energia ja havia baixat fins als 125.000 MeV, vaig observar amb sorpresa com una part de l'espècie de gelatina que omplia l'univers es convertia en partícules màssiques d'uns 125.000 MeV, que quan entraven en contacte amb fotons, els cedien la seva massa i desapareixien. Eren les partícules del camp del Higgs, les partícules **H.**

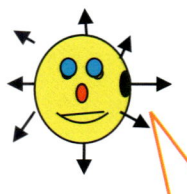

Sí, sí; vaig veure que molts fotons entraven en contacte amb les partícules H i les engolien quedant-se així amb la massa.

Com a conseqüència, les H desapareixien cedint la seva massa als fotons, els quals es convertien en unes partícules bosòniques amb massa; els bosons W i bosons Z.

El que vaig fer jo va ser pesar aquestes partícules i vaig obtenir que la seva massa era propera als **100.000 MeV.** Concretament, **el bosó W tenia una massa de 80.000 MeV** i el **bosó Z de 91.000 MeV.** Eren com els mateixos fotons, però amb massa. Aquests bosons són els portadors de l'anomenada **força feble,** que és la que a l'univers provoca les desintegracions de partícules.

Quan van aparèixer, els savis diuen que **va quedar trencada la simetria electrofeble i la força feble i l'electromagnètica van començar a actuar per separat.**

A més de les partícules **H**, al camp del Higgs va sorgir també una altra partícula, la partícula **h.** Aquesta interacciona amb fotons d'energies concretes, però simplement les frena i no arriba a desaparèixer. D'aquesta manera els proporciona massa sense perdre la pròpia. Quan la vaig pesar, vaig veure que era de **125.000 MeV.** Aquesta partícula **h** és la mateixa que fa poc temps un equip de savis encapçalats pel senyor Peter Higgs han aconseguit crear en un accelerador de partícules. Per això es diu **bosó de Higgs.** La seva vida és molt efímera, ja que és de tan sols $1{,}5 \cdot 10^{-22}$ segons.

En resum, **vaig veure com apareixien les partícules amb massa i també com es trencava la simetria electrofeble i quedava separada la força feble de l'electromagnètica.** Els fotons van continuar sent els portadors de la força electromagnètica i els bosons amb massa **W** i **Z** que van aparèixer, van passar a ser els bosons portadors de la **força feble** que actua només en l'àmbit de les partícules, produint desintegracions.

En aquestes reaccions van començar a aparèixer també un altre tipus de partícules que ara es diuen **neutrins** i se simbolitzen com a **V**. Són semblants als fotons, però amb una massa ínfima que fa que no arribin a viatjar a la velocitat de la llum, sinó una mica més a poc a poc. De seguida vaig veure que tenien un **espí** que és com una mena de gir, aquest cas, en sentit contrari al del moviment. Al revés del que passa en un llevataps, vaig apreciar que **es movien en sentit contrari al que tindria el mateix.**

Sentit del moviment contrari al d'un llevataps

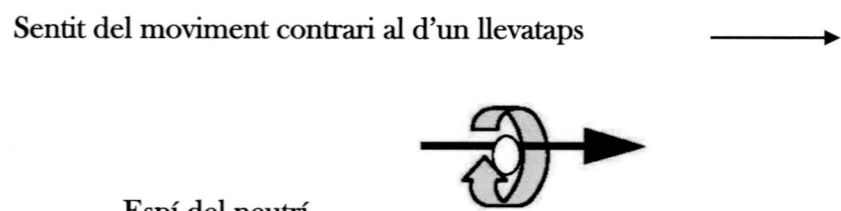

Espí del neutrí

Per aquest motiu, tal com es veu al dibuix anterior, diuen que el neutrí és d'esquerres o que és una partícula esquerrana. També vaig apreciar les seves antipartícules, els **antineutrins,** que se simbolitzen com $\overline{V}$ i tenen un espí en el mateix sentit del moviment de la partícula.

Sentit del moviment d'un llevataps

Espí de l'antineutrí

A conseqüència d'això, diuen que l'antineutrí és de dretes o que és una partícula destra.

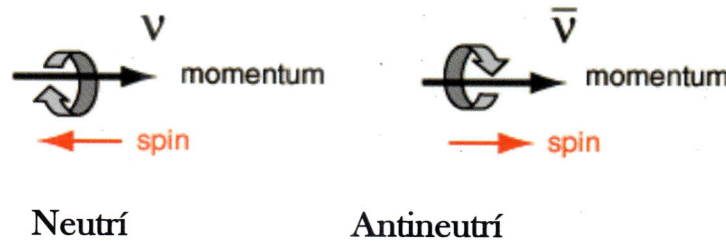

Neutrí   Antineutrí

Poc més tard, en el plasma calent de partícules elementals, vaig veure també que s'anaven produint certes inhomogeneïtats en el sentit d'aparèixer regions disperses amb més o menys concentració de massa. Aquestes inhomogeneïtats, que ja vaig poder observar durant la gran inflació, han estat les llavors del que al cap de molts milions d'anys han estat les galàxies, els cúmuls de galàxies, els supercúmuls i l'estructura actual de l'univers; grans filaments de matèria que penetren grans espais buits.

Pel que fa als **quarks** que van anar apareixent no tots ells eren iguals, ja que, tal com ja us he esmentat, n'hi havia de sis tipus diferents; un grup de quatre amb una elevada energia i un grup de dos amb menys.

Amunt 4,8 MeV   A baix 2,4 MeV

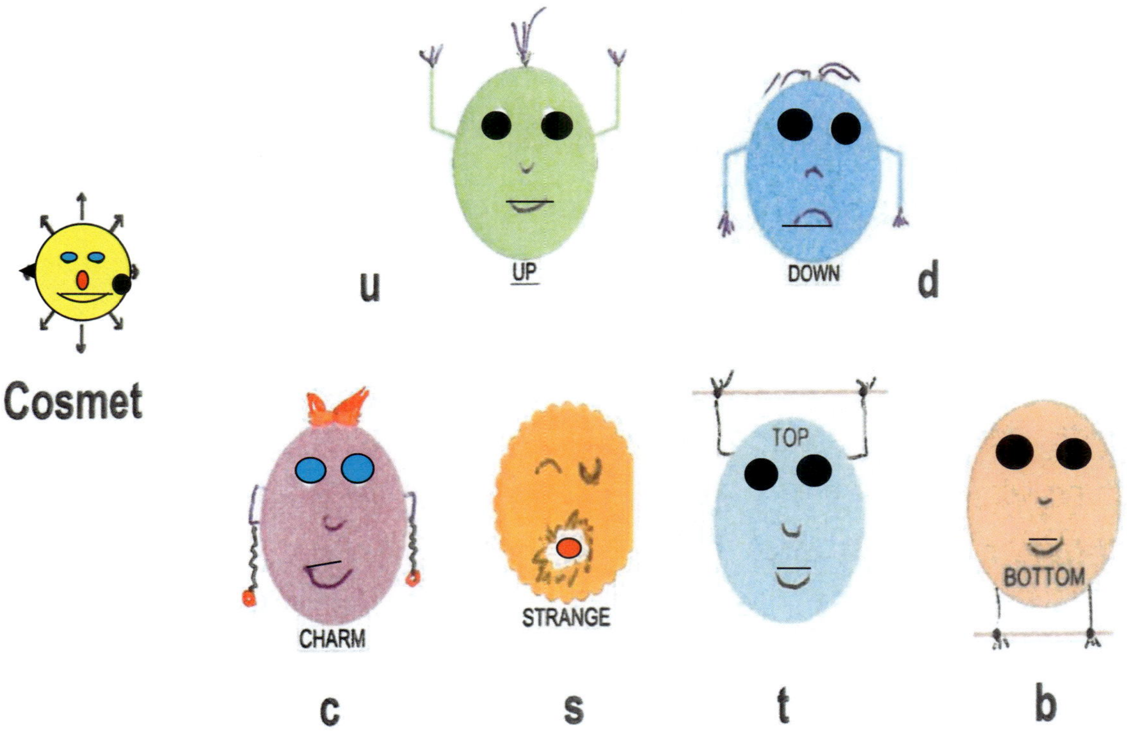

Cosmet

u   UP   DOWN   d

CHARM   STRANGE   TOP   BOTTOM

c   s   t   b

Encant   Estrany   Cim   Fons

104 MeV   1.270 MeV   171.000 MeV   4.200 MeV

Els quarks d'aquest segon grup van anar desapareixent de l'univers quan aquest va baixar a energies molt menors que la temperatura de llindar. Jo els vaig veure llavors fugaçment entre molts altres tipus de partícula, però els humans normals només els han conegut quan, fa molt pocs anys, les han creat artificialment als acceleradors de partícules. Fins i tot els han donat nom.

Pel que fa als quarks batejats com a **up** i **down**, no han desaparegut mai i m'han acompanyat tota la meva vida. Certament, **al cap d'un temps, aquests quarks van anar abandonant el seu estat lliure i van anar formant les partícules compostes, que són les que en grups de tres constitueixen ara els protons i els neutrons dels nuclis de tots els àtoms que existeixen.**

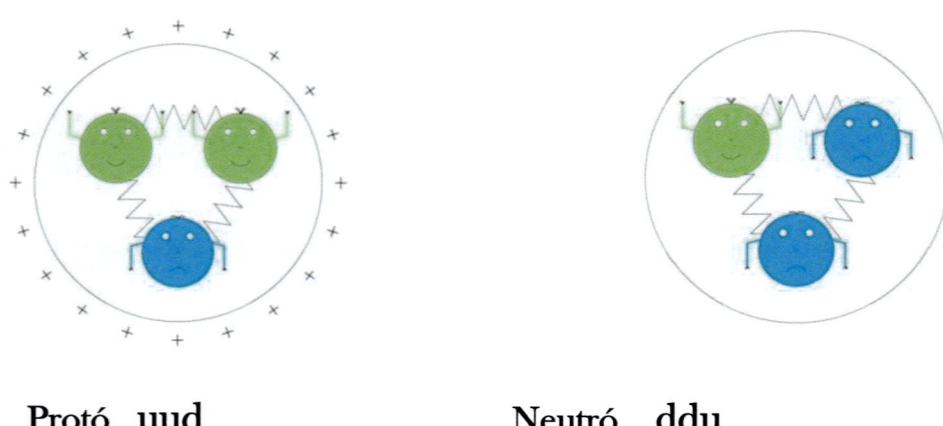

Protó uud   **Neutró ddu**

Tot i això, durant **l'època electrofeble**, la formació d'aquestes partícules compostes encara no s'havia produït i el contingut de l'univers va continuar sent el plasma calent de què ja us he parlat, format principalment per **quarks, antiquarks, electrons i positrons**. Els antiquarks i els positrons eren com els quarks i els electrons, però amb propietats invertides. Eren les antipartícules que conformaven l'anomenada antimatèria.

També les partícules i les seves antipartícules continuaven aniquilant-se mútuament, donant lloc a nous fotons. Al principi, el seu nombre era pràcticament el mateix, però, al cap de poc temps, vaig comprovar que les primeres dominaven per sobre de les segones. Dit d'una altra manera, hi havia una **asimetria bariònica**, que és el que ha fet possible que no s'eliminessin totes les partícules amb les seves antipartícules, fent així possible que hi hagi la matèria.

Gairebé ningú sap com es va produir aquesta asimetria, però jo sí perquè ho vaig presenciar. Al buit quàntic situat a la frontera dels microforats negres, vaig veure com dels parells partícula - antipartícula que es formaven, de vegades l'antipartícula queia al forat negre, quedant les partícules reals circulant lliurement. D'aquesta manera el nombre de partícules va passar a ser lleugerament més gran que les antipartícules.

Quan al cap de poc temps partícules i antipartícules es van aniquilar totalment entre elles, només va quedar l'excedent de les primeres que encara avui constitueix la matèria de l'univers.

Època quark

El període següent, que va transcórrer des de $t_c = 10^{-10}$ a $t_c = 0{,}00001$ segons, és l'època quark. Es denomina així perquè ja és al final quan es va produir el fenomen consistent en la generació de les partícules compostes formades per quarks, que ara es denominen **barions**. Són els protons, els neutrons i les altres partícules compostes de més massa.

A l'inici d'aquesta època encara no s'havien originat aquestes partícules compostes. Vaig continuar veient el plasma de **quarks, electrons i gluons lliures,** encara molt calent, però refredant-se constantment. En arribar al final de l'època, després de tornar-me a transformar en termòmetre gegant, vaig veure que l'univers es trobava en la següent situació:

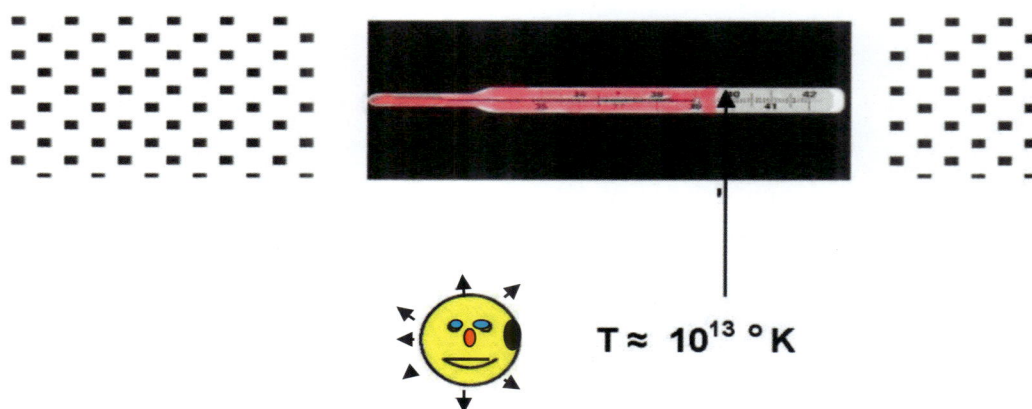

$$T \approx 10^{13}\,{}^\circ K$$

$$t_c = 0{,}00001 \ \text{segons}$$

$$T \approx 10^{13}\,K. \qquad E = 860\ MeV. \qquad R \approx 10^{10}\ Km.$$

En aquest context, la velocitat dels quarks deixava de ser suficient per mantenir-los en estat lliure i, com a conseqüència, van començar a unir-se entre ells per formar les partícules compostes que genèricament s'anomenen **hadrons**.

No els devia agradar unir-se en parelles, atès que ho feien entre ells formant trios, generant els hadrons que avui s'anomenen **barions**. En canvi, allò que s'unia formant parelles eren partícules amb antipartícules. S'unien quarks amb antiquarks de tipus diferents constituint els hadrons que s'anomenen **mesons**.

Per tenir els quarks estrany, encant, fons i cim, masses molt superiors als quarks up i quarks down, la velocitat d'aquests era molt inferior. Per això van ser els primers a unir-se formant diferents tipus de partícules que eren inestables per ser molt màssiques. Es desintegraven gairebé immediatament i, per tant, la meva visió va ser molt fugaç, gairebé instantània.

Fa uns quants anys vaig presenciar com els savis han aconseguit crear artificialment algunes d'aquestes partícules compostes als **acceleradors de partícules**. D'aquesta manera, les he pogut tornar a veure, encara que també de forma molt fugaç, pel fet que el seu temps de vida mitjana és petitíssim. A algunes, com les que us relaciono, els savis els han posat també noms.

Barions sigma uus i dds amb vida mitjana de 10^{-10} segons.

Barions lambda uds amb vida mitjana de 10^{-10} segons, i barions lambda **udc** amb vida mitjana de 10^{-13} segons.

Barions xi compostos de dos quarks estranys i un quark amunt o avall, amb vida mitjana de 10^{-10} segons.

Mesons K o kaons, us, sd, ds, amb vida mitjana de 10^{-8} segons.

A partir del moment $t_c = 0,00001$ segons, els quarks a dalt i els quarks a baix, totalment estables per ser més lleugers, es van unir doncs entre ells, donant lloc als protons i neutrons que encara avui dia constitueixen els nuclis dels àtoms.

Els savis anomenen aquest fenomen el **confinament dels quarks**. Efectivament, els quarks **u** i els quarks **d**, constituents de protons i neutrons, van quedar confinats per acció de la **força forta** que generaven els **gluons**, que són les **partícules mediadores d'aquesta nova força que només actua en l'àmbit de les partícules i les manté unides**. És molt forta perquè ha de superar la repulsió elèctrica que actua, tal com us he dit, entre partícules amb càrrega elèctrica del mateix signe.

Els científics han batejat els gluons amb aquest nom, perquè són com una pega que uneix els quarks provocant el seu confinament, generant d'aquesta manera els **protons** i els **neutrons**.

Abans d'arribar-hi, els quarks i els gluons tenien prou energia cinètica - gran velocitat - per estar lliures, formant la sopa anomenada plasma quark – gluó; un plasma molt calent que permetia l'existència dels quarks i gluons en estat lliure. Tot i això, l'univers va continuar refredant-se fins una mica per sota dels graus, que corresponen a un llindar d'energia en què la velocitat dels quarks deixa de ser suficient per mantenir-los lliures. Aquesta energia cinètica va passar a ser una **energia de lligadura dels quarks**.

Aquests, a partir d'aquí, ja no van poder existir com a partícules lliures i van formar protons i neutrons. La seva **energia de lligadura confinada**, tenint en compte la seva equivalència en massa, és la que constitueix el 90% del total de la massa de les esmentades partícules.

L'època quark conclou amb el **confinament dels quarks**. Durant tota aquesta època **vaig veure com el radi de l'univers passava d'aproximadament 10^{10} metres (10^7 quilòmetres) a un radi de 10^{13} metres i com la temperatura de l'univers baixava fins a uns 10^{13} K, equivalents a 86 MeV.**

Al cap de **0,00001 segons** aproximadament, acaba el període corresponent a **l'univers primordial** per iniciar-se **l'univers primerenc**. A partir d'aquest moment, vaig veure l'univers no només poblat de partícules elementals; també de partícules compostes, bàsicament protons i neutrons com les que constitueixen l'univers actual.

Evolució de l'univers primordial

D'acord amb tot el que ja us he explicat, durant el temps còsmic de **0,00005 segons** que correspon a l'univers primordial, les propietats o característiques fonamentals de l'univers van evolucionar d'acord amb el que us indico al quadre següent:

Edat t	Temperatura T	Energia E	Radi R (t)
10^{-44} s	10^{32} K	$8,6 \cdot 10^{18}$ GeV	R(t) = 10^{-35} m
10^{-36} s	10^{29} K	$8,6 \cdot 10^{15}$ GeV	$\approx 0,5$ m
10^{-10} s	10^{16} K	$8,6 \cdot 10^{2}$ GeV	≈ 107 km $\approx$ 10^{-6} AL.
10-5 s	10^{13} K	0,086 GeV	$\approx 10^{10}$ km $\approx$ 10^{-3} AL.

Com eren les partícules elementals que van anar apareixent des del primer moment

A banda dels fotons que eren partícules sense massa com jo, amb la meva vista excepcional, vaig veure molt aviat partícules amb massa com els quarks i els electrons que, a més, posseïen càrrega elèctrica positiva o negativa. Els meus poders extraordinaris, fins i tot em van permetre pesar les partícules. Va resultar que la massa dels electrons era d'uns 10^{-30} kg. Pel que fa als quarks, n'hi havia uns, la massa dels quals era quatre vegades més gran i altres fins i tot deu vegades. Atenent que tot el que existeix és energia, ara utilitzeu com a unitat de massa el **megaelectronvolt (MeV), que és 1 MeV = 1,78 $\cdot$ 10^{-30} kg.** Fent nombres resulten les següents masses:

PARTÍCULA	MASSA EN REPÒS (en MeV / c²)	
Fotons	0	
Electró	0, 511	e⁻

Quark up	2	

Quark down	5	

El que em va cridar l'atenció també va ser veure que aquestes partícules estaven girant constantment sobre elles mateixes. És el que ja us he comentat que es diu **espí**. També vaig observar una altra cosa molt curiosa: partícules girant en el sentit d'un llevataps. A aquestes les anomenen « de dretes » -estat dretà-, però a les partícules que es mouen en sentit contrari les anomenen « d'esquerres » -estat esquerrà-.

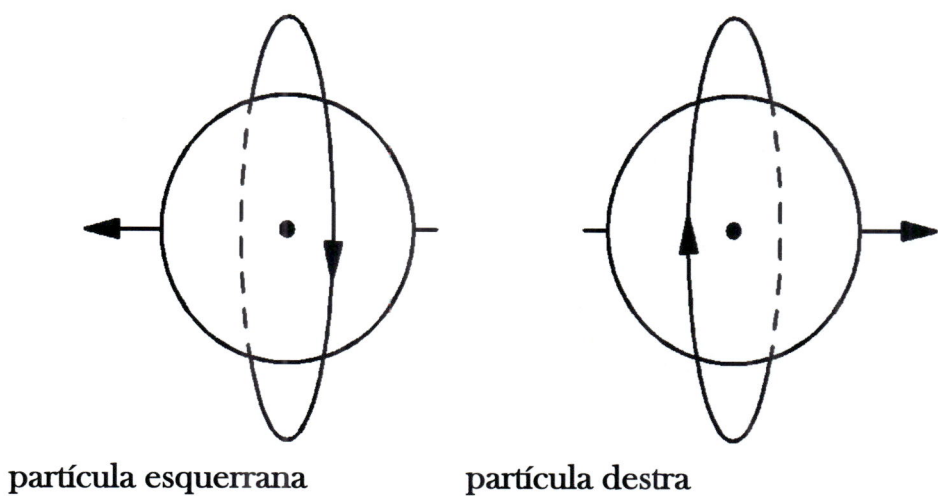

partícula esquerrana　　　**partícula destra**

Aquestes són les partícules que vaig poder veure al cap de poc temps de néixer. De cap manera em podia imaginar que serien les meves companyes durant tota la meva vida i que s'associarien de moltes maneres formant els múltiples i molt diferents objectes còsmics que hi ha hagut i que existeixen.

Moltes de les partícules elementals que des d'un bon principi vaig veure que s'estaven formant són, doncs, les que encara ara constitueixen l'univers. He pogut comprovar que totes elles existeixen soltes o bé agrupades i organitzades de maneres diferents per originar les partícules compostes. Per exemple, els àtoms que constitueixen la matèria estan formats bàsicament per dos tipus de partícules elementals: els electrons, que són partícules soltes que orbiten al voltant del nucli, i els quarks, que s'agrupen formant els protons i els neutrons del nucli.

Sé que **l'ordre de magnitud del diàmetre dels àtoms és d'uns** 10^{-10} metres, mentre que els nuclis atòmics són unes 10.000 vegades més petits, ja que l'ordre de magnitud del seu diàmetre és de 10^{-14} metres. Alhora, els **protons i neutrons** tenen un diàmetre de l'ordre de

10^{-15} metres i el de l'electró de 10^{-18} metres. Amb tot això, l'estructura planetària dels àtoms tal com jo la veig és la següent:

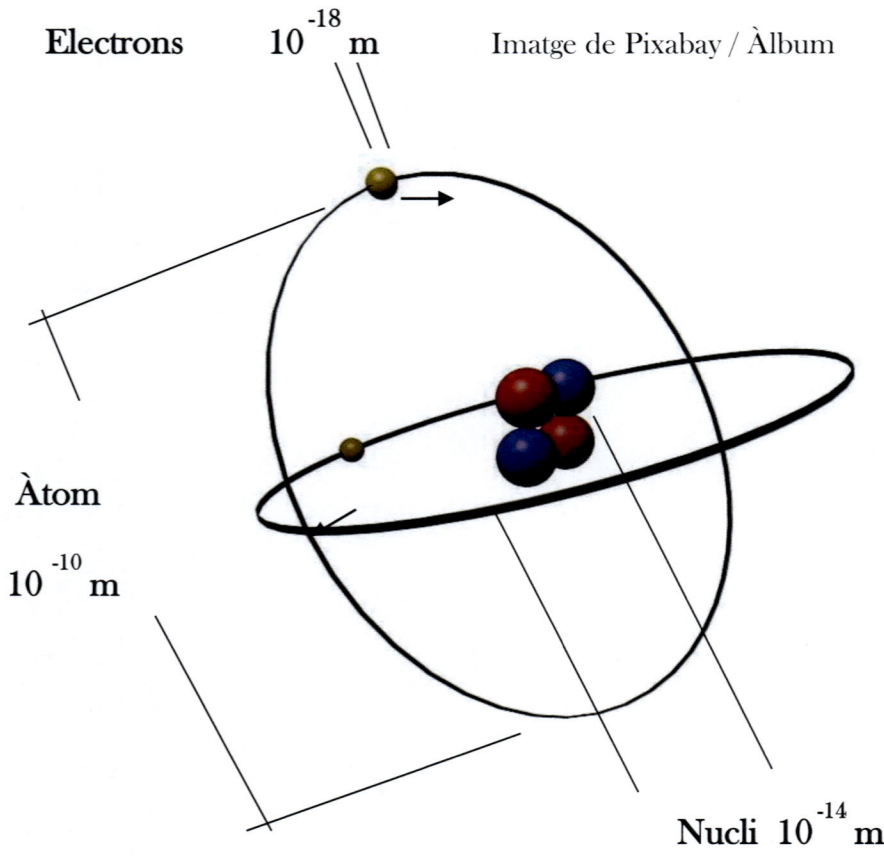

Electrons 10^{-18} m   Imatge de Pixabay / Àlbum

Àtom

10^{-10} m

Nucli 10^{-14} m

Us recordo que les partícules compostes de quarks que constitueixen els nuclis atòmics són les que els savis anomenen genèricament **hadrons**. D'aquestes, les compostes per dos quarks, realment un quark i un antiquark, s'han anomenat **mesons,**

i les compostes per tres quarks, **barions.**

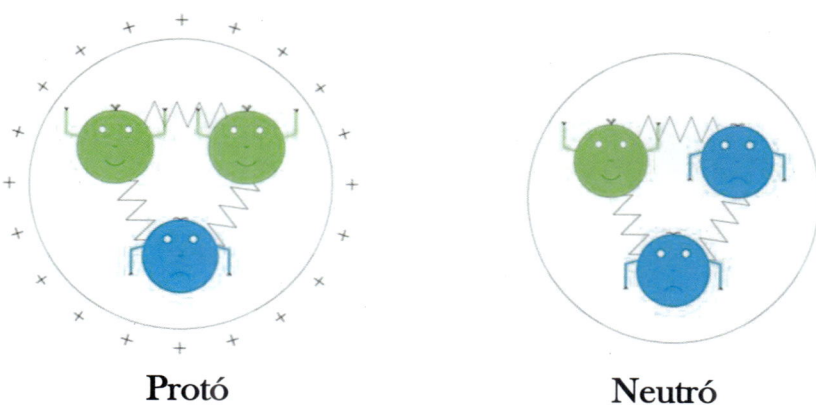

Protó   **Neutró**

Els protons i neutrons són barions; per això la matèria ordinària de l'univers també s'anomena **matèria bariònica.**

Amb relació a les partícules considerades com a partícules elementals, i des d'un altre punt de vista, els físics m'han explicat que hi ha una distinció entre les partícules que formen els àtoms que s'engloben en el nom genèric de **fermions** i les partícules, de les quals ja us he parlat, que són mediadores de les interaccions i de les forces que regeixen el comportament de l'univers, que s'engloben al nom genèric de **bosons.**

Fermions i bosons són partícules que en molts aspectes es comporten de manera molt diferent, ja que en el grup de les partícules que són fermions, com els quarks i els electrons, cadascuna té com a propi l'espai que ocupa.

Dos fermions del mateix tipus no es poden trobar en un mateix punt. D'acord amb aquest fet, es pot dir que s'eviten els uns als altres. Això m'ho va relatar fa pocs anys el físic **Wolfang Pauli.** És l'anomenat **principi d'exclusió de Pauli.** Em va dir que dos fermions no es poden trobar al mateix estat. És una cosa semblant al fet evident que, a la mecànica clàssica, és impossible que dos sòlids ocupin la mateixa posició.

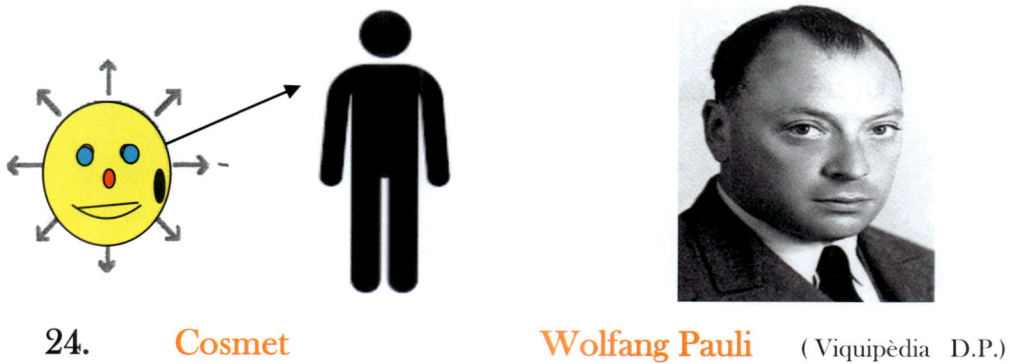

24.   Cosmet   Wolfang Pauli   (Viquipèdia D.P.)

Autor: Fundació Nobel 1945. http://nobelprize.org/nobel_prizes/physics/laureates/1945/pauli-bio.html. Domini públic.

En canvi, les partícules del grup dels bosons poden compartir els mateixos espais. També és una cosa semblant al que passa en física clàssica amb les ones.

5. Els meus primers tres minuts de vida i com vaig veure que es formaven els nuclis atòmics

L'evolució de la temperatura, de l'energia i del radi de l'univers que vaig estar veient en el període molt curt d'univers primordial, és tal com us l'he explicat.

Recordeu que és al cap de **0,00001 segons** quan s'acaba l'univers primordial i comença l'univers d'hora, que abasta els tres primers minuts de l'univers.

Durant aquest, tot i que la matèria ja existia, la major part del contingut d'energia de l'univers va continuar sent la de les partícules sense massa. Corresponia a l'energia dels fotons i els neutrins que constitueixen l'energia de radiació. D'altra banda, atès que l'univers es trobava encara en un grau d'equilibri tèrmic elevat, per a les partícules amb massa, aquesta era insignificant, ja que gairebé la totalitat de la seva energia era també radiació.

En aquest univers d'hora els savis m'han dit que distingeixen les èpoques successives següents:

Època hadrònica, caracteritzada per la contínua formació d'hadrons, com són els protons i els neutrons. Va ser molt breu, doncs, **va durar només des dels 0,00001 segons de la meva vida fins als 0,00005 segons.**

Època leptònica, determinada pel domini de **leptons, nom amb què ara es designa els electrons, altres partícules del mateix tipus com els muons, els tauons, i els neutrins.** Dura fins que l'univers i jo mateix vam tenir una edat de 4 segons.

Època fotònica (1a fase) o de domini dels fotons, que **abasta des dels quatre segons fins als primers 200,** que són aproximadament els tres primers minuts.

$$t_c$$

$$0,00001\ s \quad \rightarrow \quad 0,00005\ s \quad \rightarrow \quad 4\ s \quad \rightarrow \quad 200\ s$$

Hadrònica   Leptònica   Fotònica

L'evolució de l'energia-temperatura de l'univers i el creixement del seu radi en aquestes tres èpoques vaig poder veure que va ser així:

Edat t	Temperatura T	Energía E	Radi $R(t)$
0,00005 s	$1,5 \cdot 10^{12}\ K$	148 MeV	$\approx 10^{11}\ km$

Hadrònica

4 s	10^{10} K	0,5 MeV	$\approx 10^{13}$ km

Leptònica

200 s	10^9 K	0,4 MeV	$\approx 10^{14}$ km

Fotònica

Aquí ja havia finalitzat la gran expansió inicial i l'acceleració de l'expansió de l'univers va anar disminuint en molts ordres de magnitud.

A continuació, us explico tot el que vaig poder apreciar durant les tres èpoques esmentades.

Època hadrònica (de 0,00001 segons a 0,00005 segons)

Moment inicial t = 0,00001 segons T = 1,6 • 10^{12} K

L'època comença quan es produeix el fenomen del confinament dels quarks que ja us he descrit. Amb una temperatura de l'univers de 10^{13} **graus**, comença la producció de tota mena d'hadrons, tant de barions, entre ells, els protons i neutrons, com de **mesons,** per exemple, els anomenats **mesons pi, compostos d'un quark i un antiquark dels tipus up i down.** També d'altres partícules que immediatament van començar a aniquilar-se mitjançant el mecanisme partícula-antipartícula.

Moment final t = 0,00005 segons   T = 1,5 • 10^{12} K   140 MeV

Com veieu l'època va ser molt breu, ja que **va durar només 0,00004 segons.** Acaba gairebé immediatament, quan la temperatura baixa fins al llindar corresponent als **140 MeV,** que és el **llindar dels mesons pi (1,5 • 10^{12} K).** A partir d'aquí, a mesura que va anar baixant la temperatura còsmica, ja no podien formar-se aquests mesons ni, és clar, els mesons o barions més màssics.

Recordeu que la temperatura de llindar és la temperatura a partir de la qual una quantitat equivalent de radiació tèrmica pot crear la partícula. Això vol dir que, quan l'univers es va refredar per sota de la temperatura **d'1,5 • 10^{12} K,** ja no es va poder crear el mesó pi i els existents aviat van desaparèixer.

En aquest temps, l'univers estava constituït per hadrons i antipartícules en procés d'aniquilació i pels fotons resultants. També per tota mena de partícules leptòniques (leptons). Aquests s'aniquilaven entre si, però també continuaven apareixent nous parells, ja que el llindar de temperatura era inferior a la temperatura de l'univers en aquell moment.

Època leptònica   (de 0,00005 segons a 4 segons)

Va abastar el temps còsmic fins que vaig tenir una edat de **4 segons.**

Moment inicial t_C = 0,00005 segons $T = 1,5 \cdot 10^{12\,o}$ K

Al final de l'època hadrònica i, per tant, inicial de l'època leptònica, a una edat de l'univers de **t_C = 0,00005 s**, la temperatura era de **$1,5 \cdot 10^{12}$ K**; un bilió i mig de graus Kelvin, que és la temperatura de llindar del mesó pi, equivalent a 135 MeV.

Va començar, doncs, l'aniquilació de molts hadrons com els esmentats mesons pi, que ja no podien continuar formant-se per estar l'univers per sota de la seva temperatura de llindar. Segons va avançar aquest procés d'aniquilació, vaig anar veient l'univers poblat bàsicament per partícules leptòniques; leptons com les partícules **e-, e+, μ-, μ+** i els seus neutrins i antineutrins electrònics i muònics.

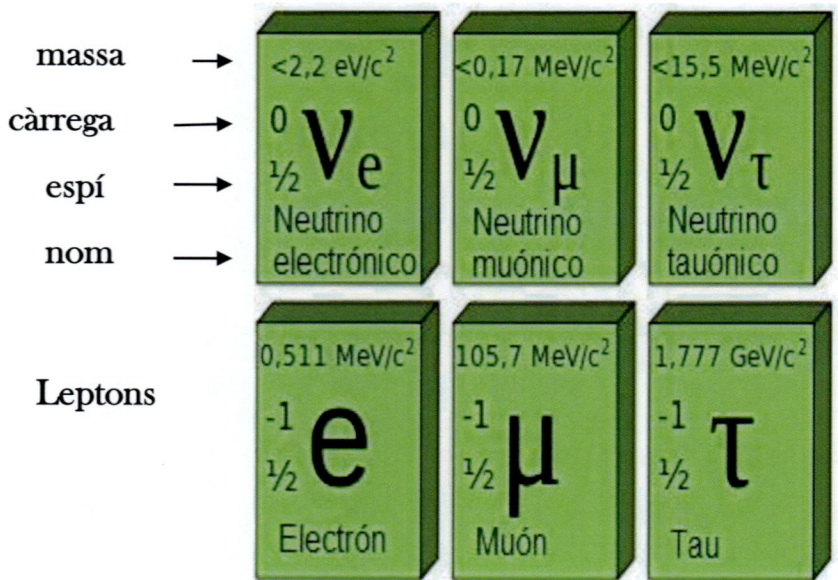

25.   Leptons JPG. 12 Nov. 2013.   Llicència Creative Commons Attribution-Share Alike 3.0 Unported.   Autor Buckminsterfullereno C60.   Wikidata. CC BY - SA 3.0

No obstant això, van continuar existint petites quantitats de protons i neutrons, romanent de l'asimetria matèria-antimatèria que va impedir la seva total aniquilació.

A mesura que la temperatura de l'univers va anar descendint, també van anar deixant de formar-se els leptons. Tot va anar passant d'acord amb aquest quadre:

	Temperatura de llindar	Energia en repòs
Mesó pi	$1,5 \times 10^{12}$ K	135 MeV
Muó	$1,2 \times 10^{12}$ K	106 MeV
Electró	6×10^9 K	0,51 MeV

Quan la temperatura de l'univers va baixar a $1,2 \cdot 10^{12}$ K, per sota d'una energia de 106 MeV, ja no es van poder crear més parelles de muó i antimuó, i va començar la desaparició de les existents.

En el moment $t_C = 0,001$ segons, la temperatura ja s'havia refredat fins a uns cent mil milions de graus Kelvin, $(10^{11}$ K), molt per sota dels llindars de temperatura dels mesons pi, dels muons i de totes les partícules més pesants, però encara molt per sobre del dels electrons que és de $6 \cdot 10^9$ K.

L'univers encara continuava ple de la sopa indiferenciada de matèria i de radiació encara molt densa, en un estat d'equilibri tèrmic gairebé perfecte. Les partícules abundants eren aquelles amb llindars de temperatura per sota dels 10^{11} K, que són només l'electró i la seva antipartícula, el positró i, per descomptat, les partícules sense massa, fotons, neutrins i antineutrins

L'univers va continuar expandint-se i refredant-se ràpidament i el nombre de partícules nuclears o hadrons que existien era petit, atès que s'havien anat eliminant.

Moment $t = 0,1$ segons $T = 3 \cdot 10^{10}$ K

Quan la temperatura de l'univers va baixar a 30.000 milions de graus Kelvin $(3 \times 10^{10}$ K), havien transcorregut 0,11 segons. Res no havia canviat qualitativament i el contingut de l'univers estava encara dominat pels electrons, positrons, neutrins, antineutrins i fotons, tot gairebé en equilibri tèrmic i molt per sobre del llindar de temperatura. El ritme d'expansió va anar disminuint i els protons i neutrons existents, supervivents de l'aniquilació, encara no es trobaven lligats formant nuclis.

Moment t_c = 1,1 segons.   T = 2 • 10^{10} K = 20.000 milions de graus.

Quan la temperatura de l'univers va ser de 20.000 milions de graus, havien passat 1,1 segons. L'univers continuava encara massa calent perquè els neutrons i els protons es poguessin unir en nuclis atòmics.

Moment t_c = 4 segons.   T = 10^{10} K = 10.000 milions de graus.

Fou el final de l'època leptònica.

Quan la meva edat va ser ja de quatre segons, a una temperatura lleugerament inferior a 10^{10} **K**, que és el llindar de l'electró, equivalent a **0,5 MeV**, vaig veure que deixaven de formar-se parells electró-positró i continuava l'anihilament dels parells existents.

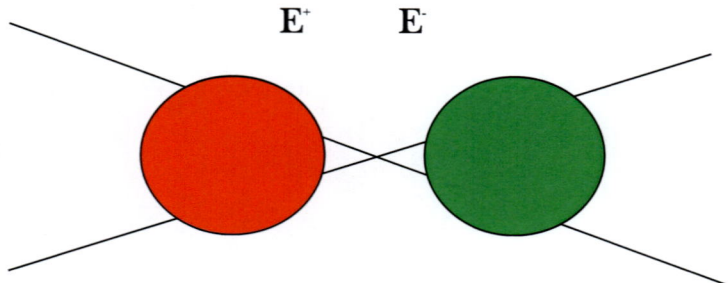

L'època acaba al cap de quatre segons del temps còsmic, amb l'inici de l'aniquilació electró-positró. En aquest moment vaig veure que el radi de l'univers havia passat a ser **r =** 10^{13} **km**, aproximadament **1 any llum**.

A partir d'aquí, ja no es produeixen parells de partícules electró-positró i el ritme de destrucció de parells electró-positró passa a ser molt alt. Molts electrons i positrons es van aniquilar mútuament, donant lloc cada parell a dos fotons d'alta energia. D'aquesta manera, va créixer el ritme de producció de fotons producte de les aniquilacions. Per aquest motiu, la següent època s'anomena fotònica.

Època fotònica (de 4 segons a 200 segons = tres minuts)

Al principi, a més dels fotons i els neutrins, existia el romanent de protons, neutrons i també electrons, movent-se a gran velocitat.

Moment inicial t_c = 4 segons   T = 10.000 milions de graus.

Al cap de quatre segons s'entra a l'època fotònica i a l'era de la radiació real, on la radiació és la densitat d'energia dominant.

Moment t_C = 100 segons   T = 1.500 milions de graus.

A partir dels cent segons de la meva existència, que són aproximadament **1,5 minuts**, la temperatura va continuar baixant i ja propera als **1.000 milions de graus**, vaig veure com es produïa el fenomen que els savis anomenen **nucleosíntesi primitiva**, que consisteix en la **fusió d'alguns protons i neutrons per formar els primers nuclis atòmics solts.**

Moment t_C = 200 segons = 3 minuts.   T = 1.000 milions de graus.

Quan la temperatura de l'univers va ser de **1.000 milions de graus (109 K)**, havien transcorregut tres minuts i dos segons.

Aquesta temperatura correspon a **l'energia de lligadura dels nuclis. Mentre els protons i neutrons van estar a temperatures superiors, la seva energia cinètica impedia que aquests s'unissin, però** la menor energia de les partícules va deixar actuar ja la interacció forta entre protons i neutrons. D'aquesta manera van començar a formar-se nuclis del tipus d'hidrogen que es coneix com a deuteri **(1 protó + 1 neutró).**

A partir d'aquí vaig veure com van començar a formar-se ràpidament nuclis més pesants com l'heli **(He 4)** i es van sintetitzar nuclis atòmics de massa inferior a cinc.

Heli   **Protó**   **Neutró**

Conèixer tot el que us he explicat que va passar, durant els meus primers tres minuts de vida, és molt important, ja que després he anat observant que la resta de coses que han succeït en els 13.700 milions d'anys d'existència de l'univers, han estat condicionades pel que va passar en aquests primers tres minuts.

Amb les dades referents al creixement del radi de l'univers que he proporcionat al meu amic l'enginyer, aquest ha dibuixat el gràfic que us adjunto:

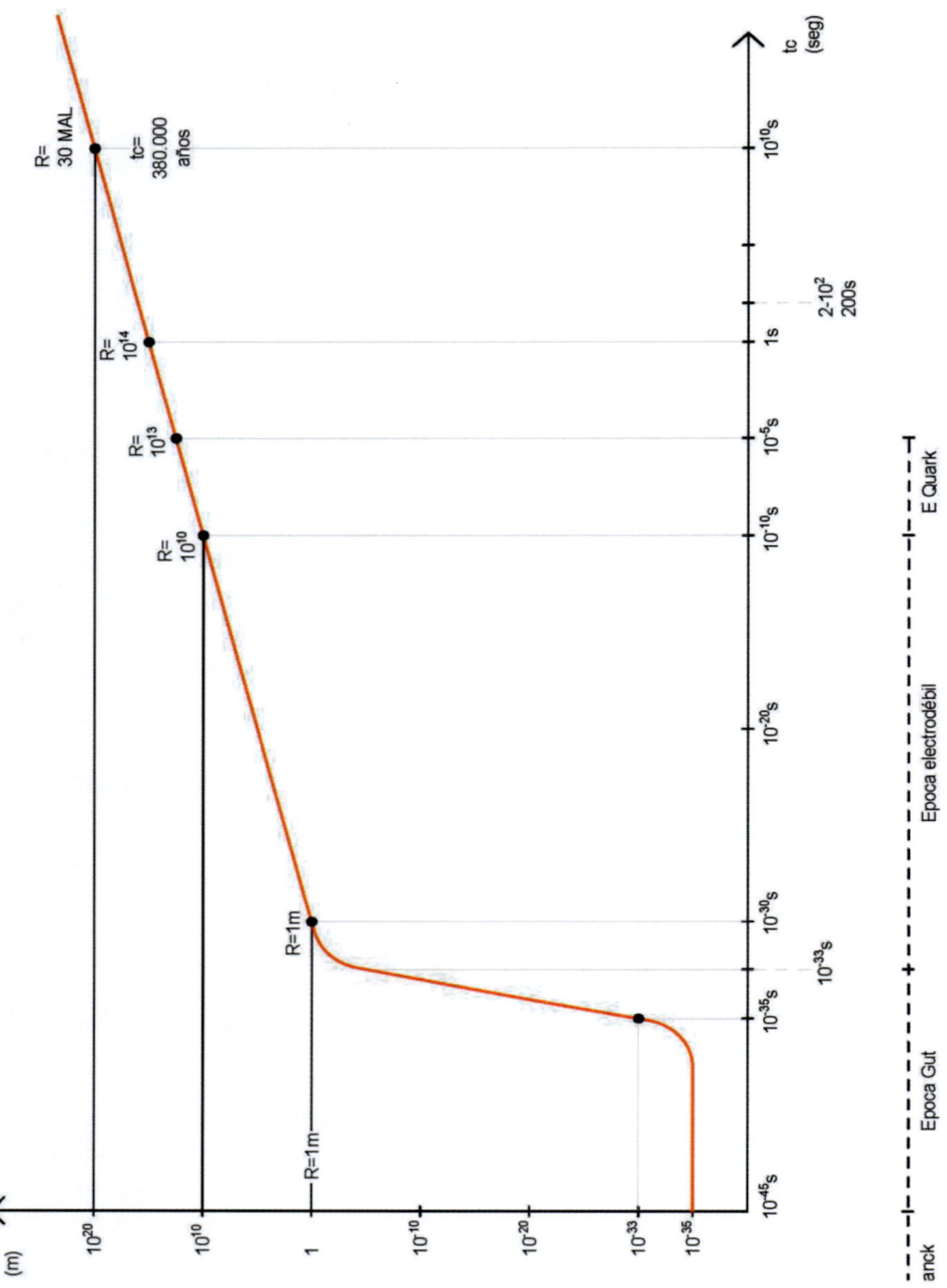

Fins aquí us he explicat com a cert, només el que vaig poder veure. Us he explicat que en el moment inicial $\mathbf{tc} = 10^{-44}$ **segons,** encara no existien partícules materials reals i tota l'energia de l'univers, que és la mateixa que hi ha ara, era el que els savis anomenen energia del buit quàntic.

En aquell primer instant, per trobar tota la massa-energia de l'univers concentrada en un volum tan petit, la seva densitat era exorbitant. Alguns dels savis amb què he parlat, afirmen que aquesta exorbitant energia del buit era repulsiva i que va ser el que va fer que s'iniciés la gran inflació. Opinen que tot va ser degut a l'existència d'una pressió negativa extremadament forta o pressió del buit extrema, en què les lleis de la física són diferents.

Consideren també que aquesta massa-energia del buit no és causa d'atracció, sinó de repel·lència. Segons ells, van haver de ser aquestes enormes forces de repel·lència la causa que va propiciar que l'univers s'expandís acceleradament en només uns instants.

Vaig poder contactar amb **Alan Guth**, físic americà del qual ja us he parlat, qui va ser el primer que va intuir que al principi s'havia produït allò que ell ja va anomenar la gran inflació còsmica inicial. A l'instant del Big Bang i per causes que ell tampoc no entenia gaire bé, es desencadenaria la gran inflació inicial i el procés d'expansió que amb el temps el convertiria en el nostre univers observable.

Els primers 10^{-44} segons. Tot el que m'han explicat els savis sobre l'època Planck (primers 10^{-44} segons)

Ja us he detallat tot el que vaig anar veient en els anomenats univers primordial i univers d'hora, però vaig sentir gran curiositat per conèixer el que hi devia haver abans que jo naixés. Lògicament, sabia que l'univers no existia, ja que aquest i jo mateix vam néixer junts quan el temps còsmic era una unitat Planck, que sent de 10^{-44} segons, és l'interval de temps real més petit que existeix. Sabia també que no existia l'espai tal com el veiem nosaltres, atès que la mínima longitud que hi ha realment són 10^{-35} metres, cosa que mesurava el radi de l'univers quan jo vaig néixer. No obstant això, poc us puc comentar d'aquesta primera època Planck, perquè aleshores jo no hi era. Només sé el que fa poc temps m'han explicat els savis.

Ja us dic d'entrada que aquestes i moltes altres coses que diuen gent molt sàvia, en resultar impossible verificar-les experimentalment, no cal tampoc prendre-les totalment al peu de la lletra. Fins i tot un gran científic, Roger Penrose, em va dir que l'únic que es pot considerar totalment cert és el comprovable experimentalment.

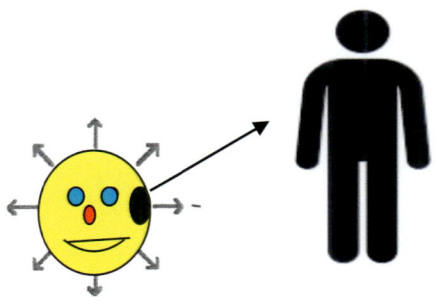

Cosmet

Roger Penrose

Totes les altres teories són, de vegades, com   actes de fe. Algunes altres neixen de la fantasia, perquè són molt belles i les unes i les altres, molts se les creuen perquè es posen de moda.

Algunes d'aquestes teories venen a dir bàsicament que en un punt d'una regió hipotètica del superespai dominada pel buit quàntic o en un entorn infinitesimal del punt imaginari, ara fa aproximadament 13.700 milions d'anys es va haver de produir una fluctuació extremament singular del camp del buit quàntic, produint-se el fenomen del Big Bang, amb el conseqüent naixement del nostre univers.

Fins a aquest instant inicial, el nostre univers havia de ser com una minúscula porció de buit quàntic dins del superespai. Donat el seu estat de buit quàntic no contindria partícules materials de cap mena, però tindria una energia radiant i, per tant, una temperatura exorbitant. Em van explicar que el Big Bang podria haver-se produït quan aquest minúscul univers, en una fluctuació molt singular, hauria assolit els valors Planck en totes les seves propietats més característiques. Atès que el temps de Planck és $t = 10^{-44}$ segons, aquest temps còsmic s'ha assignat al naixement de l'univers.

Bé; ja està finalitzant el nostre segon dia a les muntanyes i per acabar, us dono una còpia d'uns esquemes que m'ha proporcionat el meu amic, l'enginyer, que també ens acompanya al nostre confinament.

Hi ha dibuixat gran part de tot el que avui us he explicat. Diu que després de passar prop de cinquanta anys construint carreteres, urbanitzacions, canals i tota mena d'obres públiques, el que ara més li agrada és fer esquemes i dibuixos de tot el que us estic explicant.

Amic meu; ja sé que no t'agrada gaire que parlin de tu, però ho he fet per deferència als nostres companys de confinament,

Moltes gràcies a tots per la vostra atenció.

Aplaudiments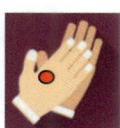

No, no, jo no mereixo cap aplaudiment, ja que m'estic limitant a explicar-vos el que he vist i el que els savis m'han explicat. A ells els remeto el vostre aplaudiment, perquè són els que realment el mereixen.

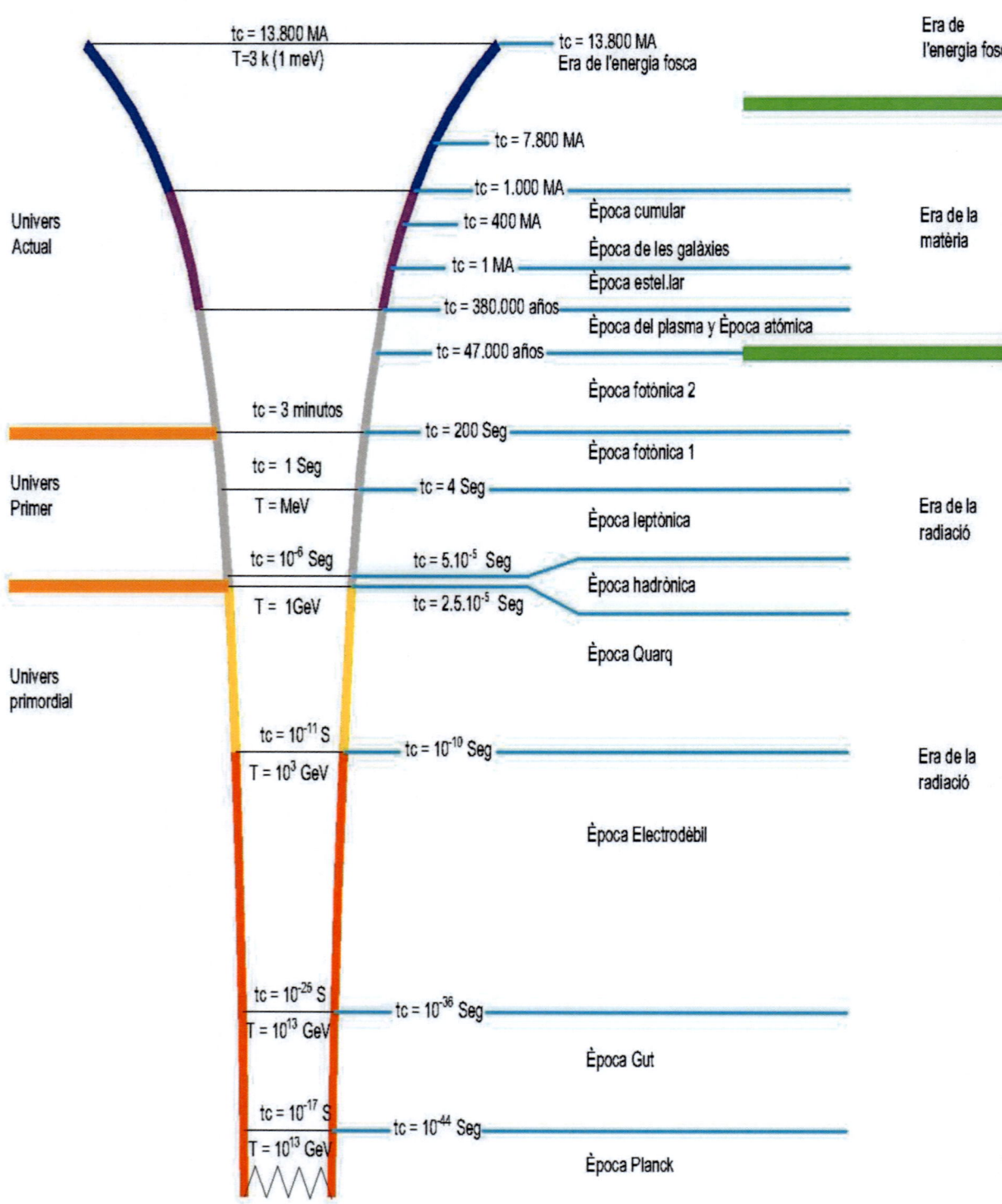

tc = 13.800 MA
T=3 k (1 meV)

tc = 13.800 MA
Era de l'energia fosca

Era de l'energia fosca

tc = 7.800 MA

tc = 1.000 MA

Univers Actual

tc = 400 MA
Època cumular

Èra de la matèria

Època de les galàxies

tc = 1 MA
Època estel.lar

tc = 380.000 años
Època del plasma y Època atómica

tc = 47.000 años
Època fotònica 2

tc = 3 minutos

tc = 200 Seg
Època fotònica 1

Univers Primer

tc = 1 Seg

tc = 4 Seg

T = MeV
Època leptònica

Era de la radiació

tc = 10⁻⁶ Seg

tc = 5.10⁻⁵ Seg
Època hadrònica

T = 1GeV

tc = 2.5.10⁻⁵ Seg

Època Quarq

Univers primordial

tc = 10⁻¹¹ S

tc = 10⁻¹⁰ Seg

Era de la radiació

T = 10³ GeV

Època Electrodèbil

tc = 10⁻²⁵ S

tc = 10⁻³⁶ Seg

T = 10¹³ GeV

Època Gut

tc = 10⁻¹⁷ S

tc = 10⁻⁴⁴ Seg

T = 10¹³ GeV

Època Planck

ESQUEMA DE L'UNIVERS PRIMORDIAL

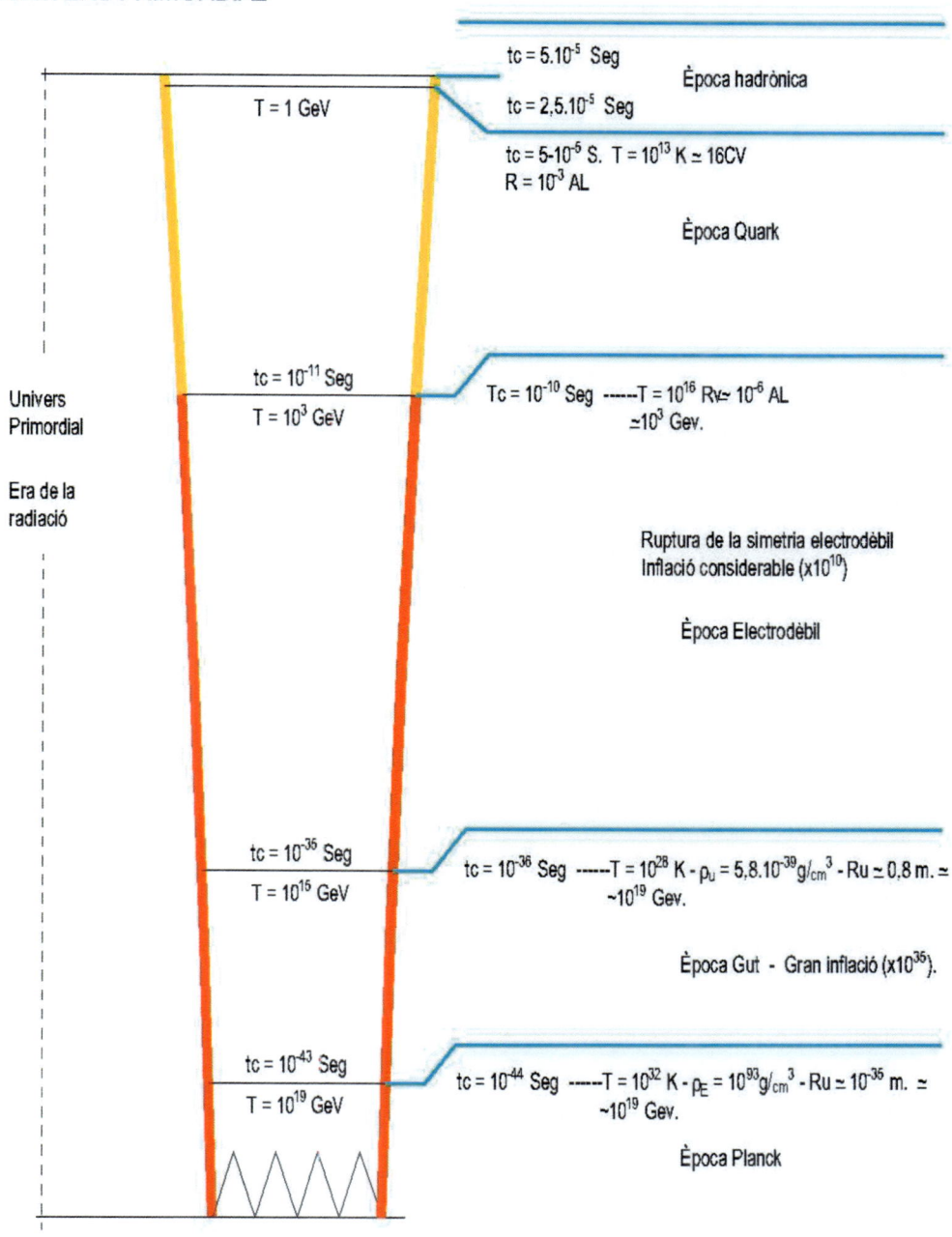

$tc = 5.10^{-5}$ Seg

Època hadrònica

$tc = 2,5.10^{-5}$ Seg

$tc = 5\text{-}10^{-5}$ S. $T = 10^{13}$ K $\simeq$ 16CV
$R = 10^{-3}$ AL

Època Quark

$T = 1$ GeV

Univers
Primordial

Era de la
radiació

$tc = 10^{-11}$ Seg
$T = 10^3$ GeV

$Tc = 10^{-10}$ Seg ------$T = 10^{16}$ R∀$\simeq 10^{-6}$ AL
$\simeq 10^3$ Gev.

Ruptura de la simetría electrodèbil
Inflació considerable (x10^{10})

Època Electrodèbil

$tc = 10^{-35}$ Seg
$T = 10^{15}$ GeV

$tc = 10^{-36}$ Seg ------$T = 10^{28}$ K - $\rho_u = 5,8.10^{-39}$ g/cm^3 - Ru $\simeq$ 0,8 m. $\simeq$
~10^{19} Gev.

Època Gut - Gran inflació (x10^{35}).

$tc = 10^{-43}$ Seg
$T = 10^{19}$ GeV

$tc = 10^{-44}$ Seg ------$T = 10^{32}$ K - $\rho_E = 10^{93}$ g/cm^3 - Ru $\simeq 10^{-35}$ m. $\simeq$
~10^{19} Gev.

Època Planck

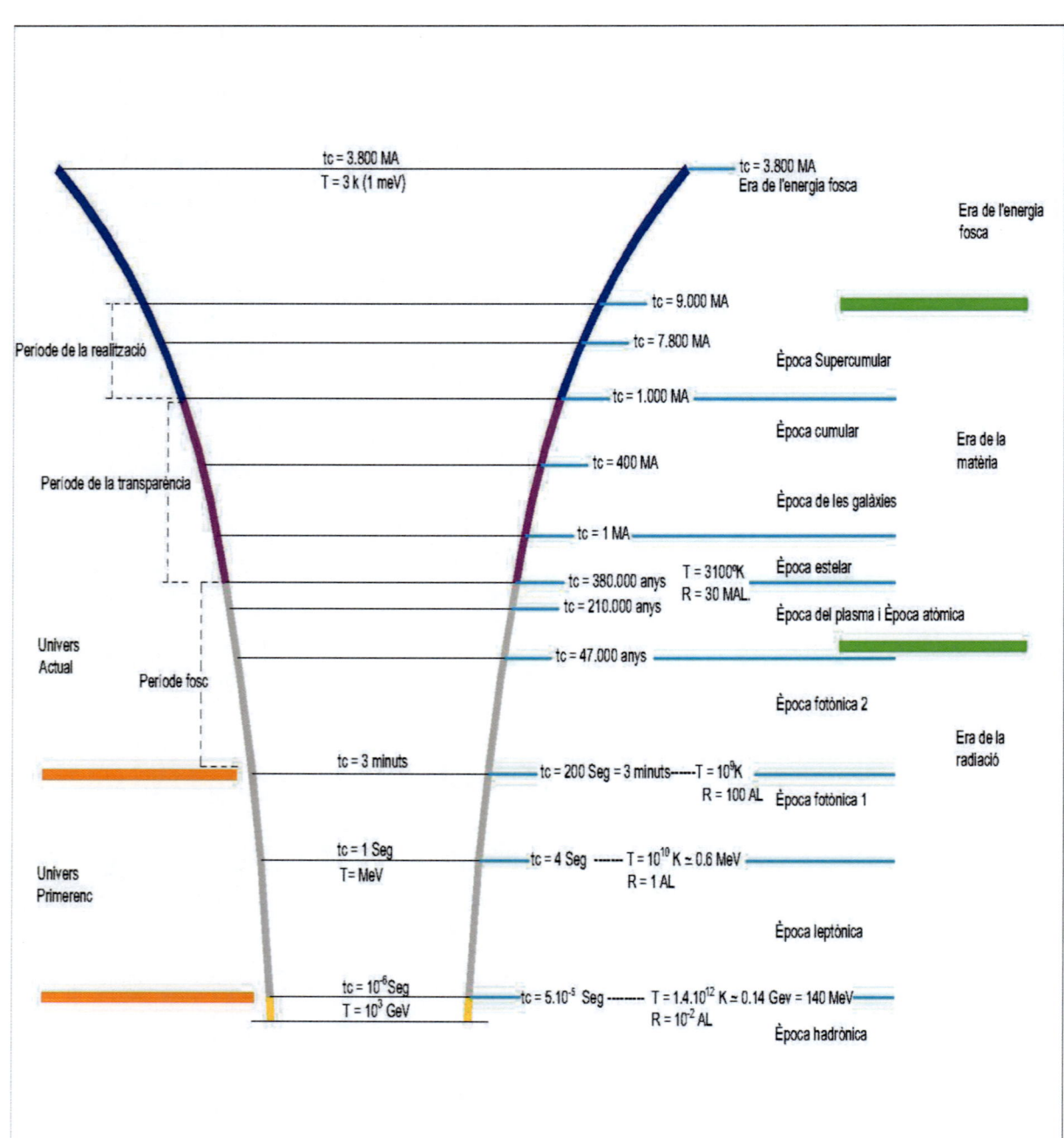

tc = 3.800 MA
T = 3 k (1 meV)

tc = 3.800 MA
Era de l'energia fosca

Era de l'energia fosca

tc = 9.000 MA

tc = 7.800 MA

Època Supercumular

Periode de la realització

tc = 1.000 MA

Època cumular

Era de la matèria

tc = 400 MA

Periode de la transparència

Època de les galàxies

tc = 1 MA

Època estelar

T = 3100°K
R = 30 MAL.

tc = 380.000 anys

tc = 210.000 anys

Època del plasma i Època atòmica

Univers Actual

tc = 47.000 anys

Periode fosc

Època fotònica 2

Era de la radiació

tc = 3 minuts

tc = 200 Seg = 3 minuts-----T = 10⁹K

T = 10^9K
R = 100 AL

Època fotònica 1

tc = 1 Seg
T = MeV

tc = 4 Seg ------ T = 10^{10} K ≃ 0.6 MeV
R = 1 AL

Univers Primerenc

Època leptònica

tc = 10^{-6}Seg
T = 10^3 GeV

tc = 5.10^{-5} Seg -------- T = 1.4.10^{12} K ≃ 0.14 Gev = 140 MeV
R = 10^{-2} AL

Època hadrònica

Cosmet que ja és molt gran, perquè ha complert els 13.700 milions d'anys, ha viatjat per tot l'univers i ens explica totes les coses que ha vist que han anat passant durant la seva llarga vida

Mai va aconseguir entendre per què passaven, fins que en els darrers 2.500 anys, ha anat visitant els humans més savis que li han anat explicant.

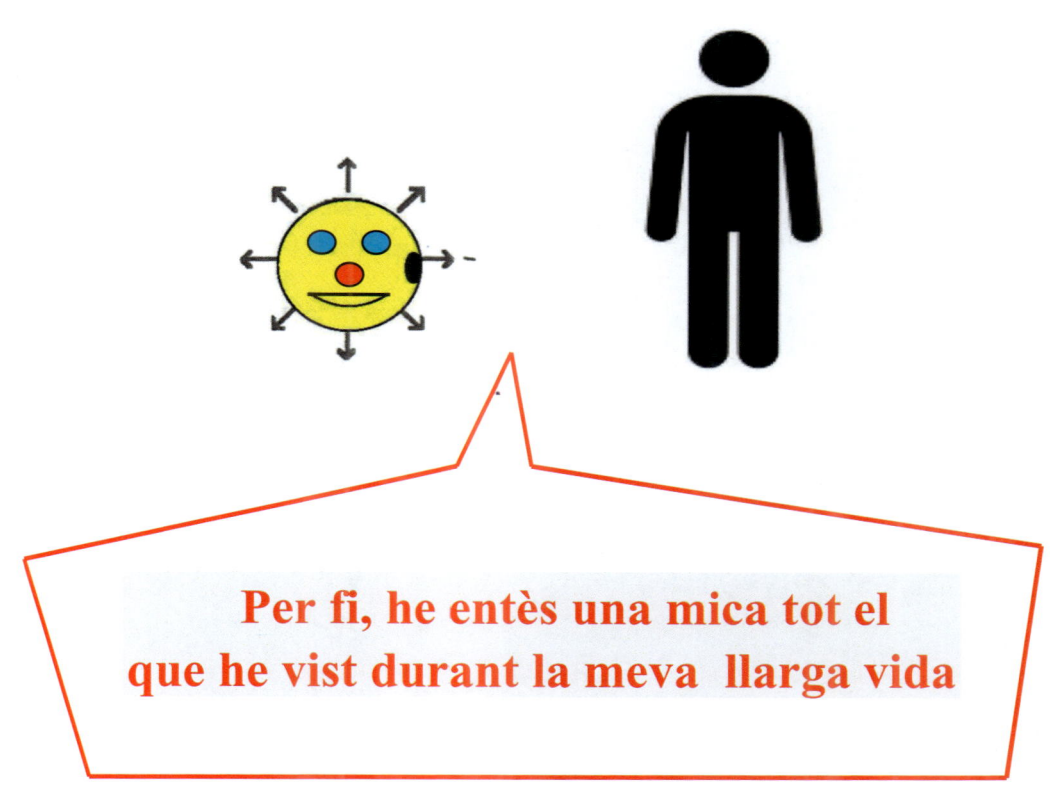

Per fi, he entès una mica tot el que he vist durant la meva llarga vida

CONTRACOBERTA

Sòcrates, Plató, Aristòtil, Galileu, Copèrnic, Maxwell, Descartes, Riemann, Pierre i Marie Curie, Lorentz, Einstein, Planck, Schrodinger, Pauli, Bohr, Dirac.